İlknur Tunçer

Análise biogeoquímica do Mar Mediterrâneo Oriental

İlknur Tunçer

Análise biogeoquímica do Mar Mediterrâneo Oriental

Diversidade filogenética, resistência a antibióticos e actividades enzimáticas de bactérias isoladas de sedimentos

ScienciaScripts

Imprint

Cover image: www.ingimage.com

This book is a translation from the original published under ISBN 978-3-330-65332-0.

Publisher:
Sciencia Scripts
is a trademark of
Dodo Books Indian Ocean Ltd. and OmniScriptum S.R.L publishing group

120 High Road, East Finchley, London, N2 9ED, United Kingdom
Str. Armeneasca 28/1, office 1, Chisinau MD-2012, Republic of Moldova, Europe
Managing Directors: Ieva Konstantinova, Victoria Ursu
info@omniscriptum.com

Printed at: see last page
ISBN: 978-620-8-41097-1

AGRADECIMENTOS

Gostaria de agradecer ao meu orientador de doutoramento, aos meus colegas, à tripulação do RV/K Piri Reis e ao Conselho de Investigação Científica e Tecnológica da Turquia (TUBITAK) e à Unidade de Coordenação de Projectos de Investigação Científica (BAP) da Universidade de Dokuz Eylul pelo financiamento deste trabalho, como projeto n.º. COST 110Y193 e 2010.KB.FEN.014, respetivamente.

Estou sempre grata pelo apoio infinito da minha preciosa família e dos meus amigos.

İlknur TUNÇER

RESUMO

Foi estudada a diversidade filogenética das bactérias isoladas e a variabilidade biogeoquímica dos sedimentos em diferentes regiões do Mar Mediterrâneo Oriental (0-1235 m de profundidade). No total, foram isoladas 185 estirpes da área de estudo, que é um dos ambientes mais oligotróficos do mundo, e foram consideradas como pertencentes a *Firmicutes, Gammaproteobacteria* e *Actinobacteria.* Conforme determinado pela análise da sequência do gene 16S rRNA, os *Firmicutes,* sendo *Bacillus* o género mais frequente, foram dominantes em cada amostra de sedimento. O presente estudo forneceu estirpes bacterianas altamente diversificadas de catorze famílias diferentes, especialmente com probabilidade de representar novos taxa como nove por cento do total de isolados, e também demonstrou as relações espécie-área das bactérias isoladas, fornecendo padrões biogeoquímicos do Mar Mediterrâneo Oriental. Os actinomicetos foram testados fisiologicamente utilizando kits comerciais e verificou-se que utilizavam proteínas em vez de hidratos de carbono. Os parâmetros geoquímicos dos sedimentos, juntamente com os resultados da atividade enzimática das estirpes, sublinharam a limitação de azoto na área. A maior resistência aos antibióticos para as estirpes *de Firmicutes* e *Gammaproteobacteria* foi obtida a partir de sedimentos costeiros em comparação com bacias profundas, apoiada por uma correlação positiva entre o tamanho dos sedimentos e a resistência aos antibióticos. A influência dos parâmetros ambientais foi observada como a variabilidade da composição da comunidade bacteriana, de tal modo que a diversidade filogenética foi muito mais elevada nos taxa mais elevados para as regiões menos profundas, especialmente no Mar Egeu do Norte, em comparação com as bacias profundas do Mar Mediterrâneo Oriental, tal como se verificou na análise hierárquica de grupos dos isolados e na análise estatística, incluindo a análise de componentes principais.

Palavras-chave: Diversidade bacteriana, genes 16S rRNA, resistência a antibióticos, actividades enzimáticas, parâmetros biogeoquímicos, Mar Mediterrâneo.

ÍNDICE

CAPÍTULO I

INTRODUÇÃO

1.1 Bactérias marinhas

Os oceanos cobrem 71 % da superfície da Terra e o ecossistema marinho representa mais de 90 % da biosfera (Munn, 2004). Estima-se que 90 % de todos os procariotas vivem nos sedimentos profundos do subsolo (Whitman et al., 1998) e que as bactérias dominam os 150 m superiores (zona fótica) da água do mar, representando cerca de 90 % de todas as células, mas diminuem até aos 1000 m e depois aumentam para 35-40 % de todas as células abaixo dos 1000 m (Karner et al, 2001).

Os estudos recentes que combinam a base de dados 16S rRNA de toda a investigação sobre a diversidade bacteriana marinha indicaram que *as Proteobactérias* (um dos maiores e mais fisiologicamente diversos grupos de bactérias), especialmente *as Alphaproteobactérias* e depois *as Gammaproteobactérias*, são dominantes no ambiente marinho em geral e o inverso é válido para estudos dependentes de culturas (Giovannoni & Rappe, 2000; Hagström et al., 2002; McIntyre, 2010). *As alfa-proteobactérias* desempenham um papel crítico no ciclo de nutrientes (carbono, azoto e enxofre) e representam aproximadamente 25% da biomassa e 50% da abundância de células no oceano (McIntyre, 2010). Além disso, neste filo, as espécies de *Roseobacter* estão altamente distribuídas nas águas oceânicas e a sua associação com os blooms de algas sugere o seu papel no controlo dos surtos de blooms (McIntyre, 2010). Por outro lado, as bactérias fotossintéticas mais abundantes são *as cianobactérias* que produzem cerca de 50% do oxigénio na Terra, especialmente as espécies *Prochlorococcus* e *Synechococcus* que contribuem com metade da produção primária oceânica (McIntyre, 2010).

Nos sedimentos superficiais e profundos, *as Gammaproteobactérias* e *as Firmicutes* (géneros *Bacillus* e *Clostridium*) tornam-se dominantes (McIntyre, 2010).

As gammaproteobactérias, que são bactérias muito diversas, desempenham um papel crucial no ciclo dos nutrientes e têm formas patogénicas para os seres humanos e os organismos marinhos (Munn, 2004). Do mesmo modo, para além de serem saprófitas do solo, o género *Bacillus* tem um grande número de espécies diversas, algumas das quais são patogénicas, e as espécies de *Clostridium* (anearóbios estritos) desempenham um papel importante na decomposição e no ciclo do azoto em sedimentos marinhos anóxicos (Munn, 2004).

As actinobactérias constituem uma porção mais pequena e ocorrem na zona fótica e nos sedimentos (Munn, 2004). Uma vez que são muito abundantes nos solos, sugere-se que provêm do escoamento terrestre, mas também se encontram em bacias profundas. Podem ser isolados principalmente de sedimentos e depois de plâncton, ervas daninhas, pedras, algas, mariscos, mangais, ervas marinhas, recifes de coral, fiordes e esponjas (Munn, 2004; Manivasagan et al., 2013). Desempenham um papel crucial na decomposição e no ciclo de nutrientes através das suas enzimas extracelulares que decompõem macromoléculas como polissacáridos, proteínas e lípidos (Munn, 2004). Estudos recentes relataram que novos compostos bioactivos utilizados na medicina, cosmética, farmacologia, indústria farmacêutica, agricultura, veterinária, etc. foram isolados de actinomicetos marinhos (Magarvey et al., 2004; Fiedler et al., 2005; Jensen et al., 2005b). De facto, os actinomicetos marinhos são as fontes mais ricas de metabolitos secundários, de tal modo que 67% dos produtos naturais marinhos foram fornecidos pelos isolados da Austrália, das Caraíbas, do Oceano Índico, do Japão, do Mediterrâneo e do Oceano Pacífico Ocidental (Manivasagan et al., 2013). Além disso, estes produtos naturais têm sido uma fonte extraordinária de estruturas de chumbo para o desenvolvimento de novos medicamentos (Sivakumar et al., 2007).

1.1.1 Actividades antimicrobianas de bactérias marinhas

Os antibióticos utilizados em medicina são apenas parcialmente metabolizados pelos doentes e são depois descarregados no sistema de esgotos hospitalares ou diretamente nas águas residuais municipais, se forem utilizados em casa (Kummerer, 2009a e b). As substâncias antibacterianas utilizadas na pecuária podem acabar no solo, nos sedimentos ou nas águas subterrâneas (Kummerer, 2009a 8
e b). Os agentes antimicrobianos são também utilizados para tratar infecções em piscicultura intensiva, onde são adicionados diretamente à água, resultando em concentrações locais elevadas no compartimento de água e nos sedimentos adjacentes (Kummerer, 2009a e b).

A resistência aos antibióticos já está presente em ambientes naturais e é trocada entre bactérias, mais frequentemente em compartimentos com elevada densidade bacteriana, ou seja, biofilmes (Kummerer, 2009a e b).

1.1.1.1 Classificação dos antibióticos

Os antibióticos podem ser classificados de acordo com as suas estruturas moleculares e mecanismo de ação (Calderon e Sabundayo, 2007). Os beta-lactâmicos, os macrólidos, as tetraciclinas, as quinolonas, os aminoglicosídeos, as sulfonamidas, os glicopeptídeos e as oxazolidinonas são classes de antibióticos quanto às estruturas moleculares (van Hoek et al., 2011; Adzitey, 2015). O mecanismo de ação dos antibióticos inclui a inibição da síntese da parede celular, dos ácidos nucleicos ou da síntese de proteínas, a rutura da membrana celular e o bloqueio das principais vias metabólicas (Talaro & Chess, 2008; Madigan & Martinko, 2006; Wright, 2010).

Tal como os glicopeptídeos, ou seja, a vancomicina (Kahne et al., 2005), os beta-lactâmicos, incluindo as penicilinas, as cefalosporinas e os carbapenemes, inibem a síntese da parede celular principalmente das bactérias Gram-negativas (Josephine et al., 2004) e os carbapenemes têm o espetro de atividade mais amplo e a maior potência contra as bactérias Gram-positivas e Gram-negativas (Etebu & Arikekbar, 2016).

Os macrólidos, incluindo a eritromicina, a azitromicina e a claritromicina, inibem a síntese proteica bacteriana ligando-se ao ribossoma (Hamilton-Miller, 1973), à semelhança das tetraciclinas de primeira, segunda e terceira geração (Fuoco, 2012), dos aminoglicosídeos, incluindo a gentamicina, a neomicina, a tobramicina e a amicacina (Peterson, 2008) e das oxazolidinonas utilizadas contra as bactérias Gram-positivas 9

(Bozdogan & Appelbaum, 2004). Enquanto os inibidores do ribossoma 50S são a tetraciclina, a eritromicina, a clindamicina, a lincomicina, o cloranfenicol, a linezolida, etc. (Epe & Woolley, 1984; Douthwaite, 1992; Katz & Ashley, 2005), os inibidores do ribossoma 30S são a tetraciclina, a estreptomicina, a espectinomicina, etc. (Hong et al., 2014; Chopra & Roberts, 2001).

As quinolonas, incluindo a cinoxacina, a norfloxacina, a ofloxacina, a ciproxacina, a temafloxacina, a esparfloxacina, o ácido nalidíxico, a enoxacina, etc., interferem com a replicação e a transcrição do ADN nas bactérias (Domagala, 1994). Do mesmo modo, as sulfonamidas e a trimetoprima inibem tanto as bactérias Gram-positivas como as Gram-negativas (Eyssen et al., 1971), imitando os substratos necessários para o metabolismo do ácido fólico (Talaro & Chess, 2008).

1.1.1.2 Resistência aos antibióticos das bactérias marinhas

As bactérias resistentes a antibióticos podem ser encontradas em ambientes aquáticos devido à introdução de antibióticos ou de bactérias resistentes a partir de fontes terrestres, ou seja, escoamento agrícola, estações de tratamento de águas residuais, etc., à adição direta de antibióticos, como nas pisciculturas, ou sem adição de contaminação por antibióticos, como a ocorrência natural de genes de resistência trocados entre bactérias (Schmieder & Edwards, 2012).

Um estudo recente testou as possíveis razões para a ocorrência de bactérias resistentes a antibióticos em ambientes marinhos, utilizando metagenómica funcional, e propôs outro mecanismo, em vez de fungos terrestres, entradas antropogénicas de antibióticos e também interações microbianas, devido a descobertas como a presença de genes de resistência em taxa marinhos e não marinhos, resistência a antibióticos sintéticos para além de antibióticos naturais, frequências semelhantes de genes de resistência em ambientes offshore e nearshore (Hatosy & Martiny, 2015). Este mecanismo de cooptação permitiu que os genes de resistência aos antibióticos se tornassem activos, embora não causassem resistência, e assim poderia explicar a resistência aos antibióticos sintéticos, a elevada abundância e diversidade de genes de resistência, mesmo em ambientes diferentes e inesperados (Hatosy & Martiny, 2015).

Para se adaptarem às condições extremas ou desfavoráveis do ambiente marinho e para os mecanismos de sobrevivência e defesa, as bactérias produzem metabolitos secundários. Por exemplo, uma bactéria marinha, *Marinomonas mediterranea*, isolada do Mar Mediterrâneo, mostrou atividade antibacteriana contra estirpes nosocomiais *como Pseudomonas* sp. e *Staphylococcus aureus* resistentes aos respectivos antibióticos ceftazidima e meticilina (Lucas-Elio et al., 2005). *Pseudomonas* sp. isolada da Índia (Charyulu et al., 2009), *Pseudoalteromonas piscicida* do Irão (Tawiah et al., 2012), *Pseudomonas aeruginosa* do Gana (Darabpour et al, 2012), uma bactéria associada aos corais, *Pseudoalteromonas luteoviolacea* (Radjasa et al., 2007) e *Pseudoalteromonas* spp. isoladas de tunicados (Holmström & Kjelleberg, 1999) apresentaram actividades antimicrobianas.

1.1.2 Utilização de nutrientes por bactérias marinhas

As bactérias heterotróficas são actores-chave na reciclagem da matéria orgânica e a matéria orgânica particulada ou dissolvida é utilizada em ambientes aquáticos (Cunha et al., 2010). A atividade enzimática extracelular bacteriana, enquanto processo de hidrólise de moléculas complexas fora da célula em moléculas de menor dimensão (Arnosti, 2003), é regulada por factores ambientais e interações enzima-substrato (Cunha et al., 2010).

As enzimas extracelulares são principalmente hidrolases (glicosidases, peptidases, esterases, etc.) e classificadas como ectoenzimas que estão inseridas ou atravessam a membrana plasmática, associadas à parede celular (Skujins, 1978) e como enzimas verdadeiramente extracelulares que ocorrem na forma livre, são segregadas por células viáveis, libertadas para o ambiente por lise viral e mais importantes na decomposição da matéria orgânica no oceano escuro (Baltar et al., 2010).

1.1.2.1 Enzimas extracelulares de bactérias marinhas

As enzimas hidrolíticas, tais como proteases, glucosidases, quitinase, lipase e fosfatases, são as principais responsáveis pela atividade enzimática extracelular no ambiente marinho (Cunha et al., 2010). A β-glucosidase e a leucina aminopeptidase estão amplamente distribuídas em ambientes aquáticos, principalmente associadas a bactérias heterotróficas e utilizadas como ectoenzimas modelo para o estudo da degradação bacteriana de compostos poliméricos naturais, como hidratos de carbono e proteínas, no ambiente aquático (Chrost, 1992). A β-glucosidase é produzida por bactérias heterotróficas em águas e sedimentos de ambientes marinhos e hidrolisa dissacáridos ligados a β de glucose, celuhexose e carboximetilcelulose (Barman, 1969). A leucina aminopeptidase hidrolisa um grande número de péptidos e amidas de aminoácidos de configuração L, com afinidade para L-leucil-péptidos e L-leucil-amidas (Chrost, 1991).

As fosfatases são também enzimas amplamente estudadas em ambientes aquáticos e são muito importantes, especialmente em zonas com limitação de P, para a aquisição de fósforo (Vidal et al., 2003). As fosfatases são o grupo de fosfohidrolases que libertam fosfato em ambientes aquáticos (Chrost & Siuda, 2002) e são uma variedade de enzimas que catalisam a hidrólise de ésteres e anidridos de ácido fosfórico (Feder, 1973). Estas enzimas são caracterizadas por diferentes temperaturas e pH óptimos (Hoppe, 2003). As fosfatases alcalinas são um grupo de isoenzimas que reagem de forma óptima na gama de pH 7,6 - 9,6 (Chrost & Siuda, 2002) e catalisam a hidrólise de uma variedade de ésteres de fosfato, incluindo ésteres de álcoois primários e secundários, álcoois de açúcar, álcoois cíclicos, fenóis e aminas, libertando fosfato inorgânico (Chrost, 1991).

Para os ensaios das actividades das ectoenzimas, são utilizados substratos artificiais marcados com fluoróforos em ambientes aquáticos. Os substratos de metil cumarinil ou metilumbeliferil não são tóxicos e produzem produtos solúveis em água altamente fluorescentes com propriedades ópticas significativamente diferentes das do substrato (Hoppe, 1993).

Os actinomicetos marinhos têm diversas actividades enzimáticas (Das et al., 2006). Por exemplo, o género *Streptomyces* é considerado como uma fonte potencial de enzimas amilolíticas que hidrolisam moléculas de amido e é biotecnologicamente importante com aplicações nas indústrias alimentar, de fermentação, têxtil e do papel (Pandey et al., 2005). As enzimas proteolíticas, especialmente as proteases alcalinas utilizadas nos sectores do couro, têxtil, síntese orgânica e tratamento de águas residuais, que representam 60 % de todas as enzimas industriais utilizadas em detergentes, fabrico de queijo, panificação, auxiliares digestivos, etc., são também sintetizadas por actinomicetos (Moorman et al., 1993; Abd El-Nasser, 1995; Bockle et al., 1995), ou seja, uma nova protease alcalina de espécies de *Nocardiopsis* (Dixit & Pant, 2000). As enzimas celulolíticas, incluindo endoglucanases, exoglucanases e β-glucosidases, utilizadas na extração de cor de sumos, detergentes que provocam o branqueamento e o amaciamento da cor, biostonização de calças de ganga e pré-tratamento de resíduos industriais, foram isoladas principalmente dos géneros *Streptomyces* e *Thermoactinomyces* (Techapun et al., 2003). Mais uma vez, o género *Streptomyces* é o mais bem estudado no que diz respeito às quitinases que hidrolisam substratos quitinosos como paredes celulares de fungos, carapaças de caranguejo e de camarão (Miyashita et al., 1991; Mukherjee & Sen, 2006).

1.1.2.2 Factores ambientais que regulam a atividade enzimática

A regulação ambiental pode ser o principal fator da atividade enzimática e as gamas de atividade na água do mar estão na ordem da aminopeptidase ' fosfatase ' β-glucosidase ' quitobiase ' esterase ' α-glucosidase (Hoppe et al., 2002). De acordo com as condições hidrográficas do oceano, as taxas de hidrólise dos polímeros variam horizontal e verticalmente entre as diferentes massas de água (Hoppe & Ulrich, 1999; Hoppe et al., 2002; Baltar et al., 2010) e as variações temporais são também importantes para as taxas de atividade de determinadas enzimas extracelulares nos ecossistemas costeiros (Cunha & Almeida, 2009). A atividade enzimática extracelular também depende da entrada de matéria orgânica proveniente de eventos de sedimentação (Fabiano & Danovaro, 1998) e diminui com a profundidade na coluna sedimentar (Meyer-Reil, 1987). Num estudo, as taxas de atividade da β-glucosidase, α-glucosidase, aminopeptidase, arilsulfatase e fosfatase são geralmente mais elevadas nos sedimentos dos bancos de vegetação do que nos sedimentos não colonizados e os tipos de sedimento como a granulometria e o teor de água mostram relações significativas com as taxas de hidrólise (Cunha et al., 2010).

Foi observada uma correlação positiva entre a atividade de aminopeptidase e a limitação de N, que foi interpretada como uma indicação da utilização de fontes orgânicas de N para o crescimento bacteriano (Cunha & Almeida, 2009). A produção de enzimas é regulada principalmente por factores ambientais (Insam, 1990), ou seja, a diminuição da afinidade dos sistemas enzimáticos a baixas temperaturas (Zweifel, 1999; Pomeroy & Wiebe, 2001). A salinidade parece estar pouco correlacionada com a atividade metabólica do bacterioplâncton (Murrel et al., 1999). Os desvios do pH ótimo resultam numa diminuição das taxas de atividade enzimática (King, 1986; Münster, 1991; Chrost, 2001). Os metais vestigiais e a radiação UV são dois factores ecologicamente relevantes que inibem a atividade da fosfatase alcalina (Reuter, 1983). A irradiação experimental de conjuntos naturais de bacterioplâncton marinho também provocou uma redução significativa das actividades da lipase e da leucina aminopeptidase (Miiller-Niklas, 1995).

1.2 Mar Mediterrâneo Oriental

O Mediterrâneo é um mar semi-fechado que troca água com o Oceano Atlântico Norte através do Estreito de Gibraltar e com o Mar Negro através do sistema de estreitos turcos como os Dardanelos, o Mar de Mármara e o Estreito de Bósforo. Caracteriza-se por elevadas salinidades, temperaturas, densidades e baixas concentrações de nutrientes (Tanhua et al., 2013). Tem as bacias ocidental e oriental separadas pelo Estreito da Sicília e têm caraterísticas hidrológicas e regimes de nutrientes diferentes.

1.2.1 Hidrologia

O Mar Mediterrâneo Oriental está ligado ao Mar Egeu e ao Mar Negro, que tem um afluxo pequeno mas significativo devido à sua baixa salinidade. Em contraste com o afluxo de água atlântica de salinidade relativamente baixa para o Mar Mediterrâneo Ocidental, a salinidade à superfície do Mar Mediterrâneo Oriental é elevada (Tanhua et al., 2013). Os processos separados de formação de águas profundas, que transportam água da coluna de água superior para o interior profundo, determinam as diferenças de salinidade e temperatura nas águas profundas e intermédias entre as bacias oriental e ocidental do Mar Mediterrâneo. Na bacia ocidental, a formação de águas profundas ocorre principalmente no Golfo do Leão, de tal forma que, durante o inverno, o ar seco e frio mistura a água do Atlântico e a água intermédia de inverno com a água intermédia Levantina subjacente, mais quente e salgada, e depois a perda de calor leva à formação da água profunda do Mediterrâneo Ocidental (Gascard, 1978; Killworth, 1983; Schott et al., 1993; Rhein, 1995; Tsimplis et al., 2006).

Enquanto o Mar Adriático era anteriormente a área de formação de águas profundas no Mar Mediterrâneo Oriental, no início da década de 1990 o Mar Egeu tornou-se a principal área de formação de águas profundas, gerando um evento conhecido como o Transiente do Mediterrâneo Oriental (Tanhua et al., 2013). Foi sugerido que o Transiente do Mediterrâneo Oriental foi causado por Invernos muito fortes que transportaram águas de elevada salinidade para o Mar Egeu (Josey, 2003; Gacic et al., 2013). As novas águas profundas do Mar Egeu (abaixo de 1200 m de profundidade) foram caracterizadas por temperaturas e salinidades mais elevadas do que as anteriores águas profundas do Mar Adriático (Gacic et al., 2013).

1.2.2 Oxigénio e nutrientes

O mar Mediterrâneo é bem oxigenado e os valores da taxa de utilização de oxigénio são semelhantes aos de outros oceanos na coluna de água superior, mas mais elevados nas camadas de águas profundas

(Roether & Well, 2001). As águas profundas recentemente formadas durante o Transiente do Mediterrâneo Oriental, contendo carbono orgânico dissolvido lábil trazido da camada superficial para a camada profunda, aumentaram a taxa de consumo de oxigénio (Klein et al., 2003). As concentrações de oxigénio são mais elevadas no Mar Mediterrâneo Oriental do que no Mar Mediterrâneo Ocidental (Tanhau et al., 2013). Em contrapartida, a distribuição horizontal de oxigénio é mais uniforme na bacia ocidental do que na oriental, uma vez que o Mar Mediterrâneo Oriental tem uma morfologia mais complexa que restringe a propagação de águas novas, densas e mais oxigenadas (Tanhau et al., 2013).

Devido à circulação anti-estuarina do Mar Mediterrâneo, que exporta águas profundas com valores mais elevados de nutrientes e importa água atlântica com baixo teor de nutrientes, apresenta baixas concentrações de nutrientes (Huertas et al., 2012). Os estudos do regime de nutrientes no Mar Mediterrâneo não revelaram qualquer sazonalidade significativa (Pavlidou & Souvermezoglou, 2006). No entanto, a influência da descarga fluvial e do escoamento costeiro é significativa durante a primavera devido à fusão da neve (Migon et al., 2001). O Mar Mediterrâneo Oriental tem uma camada superficial mais espessa e depauperada em nutrientes e uma camada máxima de nutrientes mais profunda do que o Mediterrâneo Ocidental (Tanhua et al., 2013).

Apesar de o rácio N:P no oceano mundial ser de cerca de 16 (Redfield et al., 1963), é de 24-27 na bacia profunda oriental e de 20-22 na bacia profunda ocidental. A razão desta anomalia é ainda questionável e as possíveis sugestões são os rios Adriáticos (Civitarese et al., 1998), as entradas atmosféricas (Krom et al., 1991) e a falta de desnitrificação nas águas e sedimentos mediterrânicos geralmente bem oxigenados (Krom et al., 2004 e 2005).

O Mediterrâneo, particularmente o Mar Mediterrâneo Oriental, tem sido considerado como limitado em fósforo para o crescimento biológico (Krom et al., 1991, 2004), embora trabalhos recentes sugiram co-limitações de N ou N e P (Thingstad et al., 2005). As concentrações de fosfato e nitrato em águas profundas aumentaram no Mar Mediterrâneo Ocidental de 1960 a 1994 (Bethoux et al., 1998 e 2002) em associação com actividades agrícolas, industriais e urbanas desde a década de 1960 (Bethoux et al., 2002), embora os caudais dos rios sejam geralmente a fonte mais significativa de fornecimento de fosfato e a atmosfera de azoto inorgânico (Bethoux et al., 1998; Moutin et al., 1998; Migon et al., 2001; Sanz et al., 2002). Em contraste com este aumento, as concentrações de fosfato, silicato e nitrato não se alteraram drasticamente no Mar Mediterrâneo Oriental devido às diferenças nos tempos de residência das águas profundas nessas bacias ocidentais e orientais (Pavlidou & Souvermezoglou, 2006). Uma explicação para as concentrações mais baixas de nutrientes na bacia oriental é o fornecimento de nutrientes do Mediterrâneo Oriental ao Mediterrâneo Ocidental (Schroeder et al., 2010).

Em contraste com o sistema oligotrófico do mar Mediterrâneo, algumas regiões costeiras como o Golfo do Leão (noroeste do mar Mediterrâneo), a zona costeira argelina, o norte do Adriático, o delta do Nilo e a parte nordeste da bacia levantina do Mediterrâneo Oriental e o norte do mar Egeu são identificadas como as regiões mais produtivas (Oguz & Su, 2004). A concentração de nutrientes no Mar Egeu é doze vezes inferior à do Oceano Atlântico e oito vezes inferior à do Mar de Alborão (Pavlidou & Souvermezoglou, 2006). Os dados relativos ao oxigénio e aos nutrientes recolhidos no Mar Mediterrâneo Oriental durante a última década revelaram uma depleção de nutrientes pela seguinte ordem Levantino > Jónico > Egeu (Stergiou et al., 1997; Pavlidou & Souvermezoglou, 2006).

No mar Egeu, há zonas costeiras com problemas de eutrofização relacionados com actividades antropogénicas, escoamento agrícola, descargas de esgotos e caudais de rios. Por exemplo, no golfo de Gera, na ilha de Lesbos, o fluxo de azoto inorgânico proveniente do escoamento agrícola é de *40-60%* durante o inverno e a água oligotrófica do mar Egeu entra no golfo, influenciando os níveis de nutrientes durante os meses quentes do ano (abril a outubro), para além das águas residuais domésticas não tratadas e dos efluentes das actividades industriais locais, especialmente os subprodutos da transformação do azeite, o que resulta no desenvolvimento de crises de eutrofização durante o ano (Archonditsis et al., 2000). Na maior parte das zonas costeiras helénicas poluídas, o fator limitante é o azoto (Pavlidou et al., 2005), à semelhança da baía de Esmirna, na costa turca (Bizsel & Uslu, 2000; Kucuksezgin et al., 2006), em que os elevados aportes terrestres resultam no aumento dos valores de nutrientes (Dassenakis et al., 2000).

1.3 O objetivo do presente estudo

Com base na necessidade de investigação da diversidade bacteriana em associação com a relação espécie-área em ambientes marinhos turcos, o objetivo é o isolamento de bactérias de sedimentos do Mar Mediterrâneo Oriental e a sua análise filogenética e biogeoquímica, incluindo padrões de resistência a antibióticos e de atividade enzimática.

CAPÍTULO DOIS
MATERIAIS E MÉTODOS
2.1 Área de estudo

No total, foram estudadas 24 estações no Mar Mediterrâneo Oriental (Tabela 2.1, Figura 2.1) e o estudo foi efectuado pelo navio de investigação RV/K Piri Reis do Instituto de Ciências e Tecnologia Marinhas da Universidade Dokuz Eylul (Figura 2.2).

Tabela 2.1 As coordenadas de 24 estações no Mar Mediterrâneo Oriental.

Estações	Latitude (°N)	Longitude (°E)	Profundidade (m)
Al	38°41'48"	27°06'05"	0
A2	38°41'52"	27°05'79"	0
A3	38°41'29"	27°05'20"	0
A4	38°41'15"	27°04'13"	0
A5	38°41'38"	27°02'95"	0
A6	38°41'45"	26°92'58"	0
A7	38°37'85"	26°89'03"	0
A8	38°37'37"	26°86'21"	0
A9	38°37'07"	26°83'86"	0
B1	38°44'00"	26°32'10"	104
B2	38°46'58"	26°26'44"	202
B3	38°45'66"	26°31'28"	159
B4	38°48'23"	26°30'00"	202
B5	38°46'58"	26°33'55"	106
C1	40°07'05"	25°59'42"	72
C2	40°19'32"	26°06'32"	522
C3	40°21'69"	25°49'74"	899
C4	39°28'27"	25°35'99"	207
C5	38°32'35"	25°12'36"	708
C6	36°24'84"	27°38'95"	703
C7	36°09'83"	27°16'26"	1035
C8	36°30'23"	28°31'15"	1235
C9	37°02'24"	26°07'14"	416
C10	37°33'89"	25°41'60"	661

Foram recolhidas amostras de sedimentos nas estações A (5 estações nas baías interiores, 2 nas baías intermédias e 2 nas baías exteriores) na zona intertidal da Baía de Esmirna, que é uma das maiores baías e está sob pressão de actividades antropogénicas, tais como actividades derivadas do turismo, industriais, agrícolas e náuticas no Mar Egeu. Foram também recolhidas amostras de bacias profundas nas estações B (num total de 5 estações) entre a ilha de Lesbos e Karaburun no mar Egeu do Norte e também nas estações C1-C10 no mar Mediterrâneo Oriental. Enquanto as estações C1-C3 se situavam na parte superior do mar Egeu do Norte, especialmente C1, perto da foz do estreito de Dardanelle, que transporta as águas do mar Negro que atravessam o mar de Mármara para o mar Egeu, as estações C6-C8 situavam-se na parte inferior do mar Egeu do Sul, sob a influência das águas do mar Levantino.

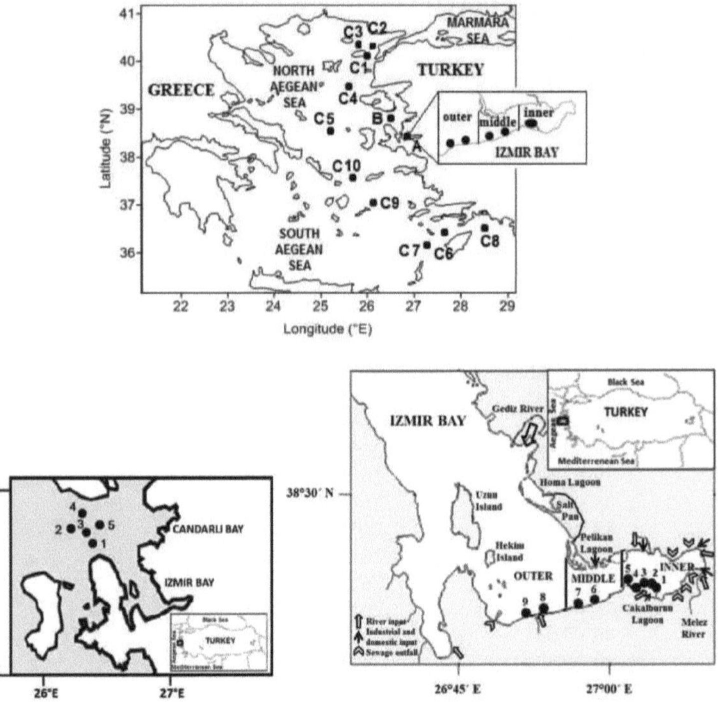

Figura 2.1 a) Área de estudo com 24 estações no Mar Mediterrâneo Oriental b) Estações B entre a Ilha de Lesbos e Karaburun. c) Estações A na zona intertidal da Baía de Esmirna, Mar Egeu.

Figura 2.2 RV/K Piri Reis do IMST, DEU.

2.2 Recolha e análise de dados físico-químicos

As amostras de sedimentos foram obtidas no Box-corer (Figura 2.3) e recolhidas em sacos de plástico esterilizados, recipientes de vidro de 40 ml e núcleos de plástico esterilizados para diferentes processos e mantidas a -20°C até à análise. Foram obtidos dados físico-químicos, incluindo o carbono total (CT), o carbono orgânico total (TOC), o azoto total (TN), o azoto orgânico total (TON), o fósforo total (TP), o fósforo orgânico total (TOP) e também a granulometria das amostras de sedimentos.

Para a distribuição granulométrica, foi utilizado o método de ensaio normalizado D 422-63 emitido pela American Society for Testing and Materials para a granulometria dos solos, tendo sido efectuada a análise por peneira e o método do hidrómetro para as partículas maiores e mais finas, respetivamente (ASTM, 2007). As percentagens de CT, TOC, TN e TON das amostras de sedimentos foram medidas pelo analisador CHN modelo 2500 da Carlo Erba (Verardo et al., 1990) e os teores de TP e TOP foram obtidos por análise espectrofotométrica (Danovoro, 2009).

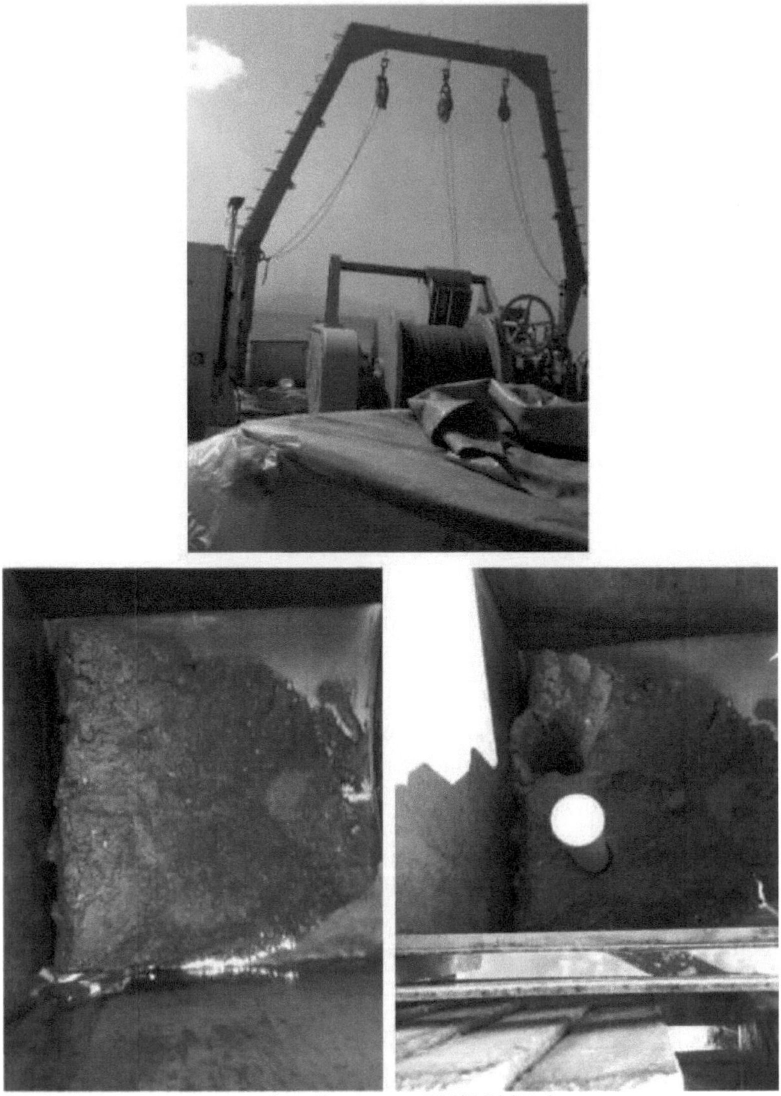

Figura 2.3 Box-corer e amostragem de sedimentos no RV/K Piri Reis.

2.3 Recolha e análise de dados biológicos (bacterianos)

2.3.1 Isolamento bacteriano e morfologia das colónias

O isolamento das bactérias foi efectuado utilizando sete métodos diferentes de processamento dos sedimentos e sete meios de isolamento preparados com água do mar esterilizada. Os meios de isolamento consistiram no seguinte: M1, 18 g de ágar, 10 g de amido, 4 g de extrato de levedura, 2 g de peptona, 1 litro de água do mar estéril; M2, 18 g de ágar, 1 g de amido, 0,4 g de extrato de levedura, 0,2 g de peptona, 1 litro de água do mar estéril; M3, 18 g de ágar, 2,5 g de amido, 1 g de extrato de levedura, 0.5 g de peptona, 750 ml de água do mar estéril, 250 ml de água destilada; M4, 18 g de ágar, 1 litro de água do mar estéril; M5, 18 g de ágar, 750 ml de água do mar estéril, 250 ml de água destilada; M6 (ágar marinho Difco™), 55 g de meio, 1 litro de água destilada; M7 (ágar de isolamento de actinomicetos Difco™, modificado), 22 g de meio, 5 ml de glicerol, 500 ml de água do mar estéril e 500 ml de água destilada. Os meios de isolamento M1 e M7 foram utilizados com ou sem seis antibióticos diferentes como cicloheximida (100 μg/ml), nistatina (50 μg/ml), sulfato de polimixina B (5 μg/ml), rifampicina (5 μg/ml), sulfato de canamicina (5 μg/ml), novobiocina (25 μg/ml). Foram efectuados sete métodos diferentes de processamento de sedimentos. No primeiro método de processamento (a) (Mincer et al., 2002), 10 ml de amostra de sedimentos húmidos foram secos durante uma noite e, em seguida, 0,5 g de sedimentos secos foram assepticamente espalhados em forma circular no meio de ágar. No método da mancha seca (b), o sedimento seco foi recolhido com uma esponja esterilizada e colocado no sentido dos ponteiros do relógio no meio de ágar. No terceiro método (c) (Gontag et al., 2007), 1 ml de sedimento húmido foi diluído com água do mar estéril (1:4) e depois aquecido durante 6 minutos a 55°C. Após agitação em vórtex durante 30 s, 75-100 μl foram espalhados assepticamente em meios de isolamento à base de ágar. No quarto método (d) (Hayakawa et al., 1991), o sedimento húmido foi aquecido durante 15 minutos a 70°C e depois espalhado assepticamente na superfície do ágar de forma circular. No quinto método (e) (Galatenko & Terekhova, 1990), o sedimento húmido foi mantido durante 30 segundos sob luz ultravioleta e depois espalhado assepticamente de forma circular no meio de ágar. No sexto método (f), 1 ml de amostra de sedimento húmido foi diluído com água do mar esterilizada (1:1, 1:10 e 1:100) e depois agitado em vórtice durante 30 s. Em seguida, 75-100 μl foram espalhados assepticamente em meios de isolamento à base de ágar. No sétimo método (g) sem processamento, a amostra de sedimento húmido foi espalhada assepticamente em meios de isolamento à base de ágar.

As placas que continham o meio M6 foram incubadas a 20-22°C durante 2-3 dias e as restantes a 26-28°C até 2 meses. As colónias selecionadas de acordo com a morfologia das colónias foram subcultivadas em meios M1, M6 ou M7. Depois, os isolados foram criopreservados com 50% de glicerol a -20°C.

A morfologia das colónias dos isolados foi registada. Os isolados selecionados foram cultivados em caldo nutriente e depois filtrados e lavados com 10 ml de água destilada. As imagens SEM foram obtidas utilizando o microscópio eletrónico de varrimento Phillips XL 30 FEG após o revestimento do papel de filtro com ouro a uma profundidade de 30 nm no Izmir Institute of Technology (Iztech, Turquia).

2.3.2 Extração de ADN nuclear e amplificação de 16S rRNA

O ADN genómico das bactérias isoladas foi extraído com um kit comercial (Invitrogen, Carlsbad, CA) de acordo com o manual do utilizador para lisados de células bacterianas Gram-positivas e também Gram-negativas.

Os genes 16S rRNA foram amplificados a partir do ADN genómico por PCR utilizando os pares de iniciadores universais FC27 (5'-AGAGTTTGATCCTGGCTCAG-3') e RC1492 (5'-TACGGCTACCTTGTTACGACTT-3') e também os pares 63f (5'-CAGGCCTAACACATGCAAGTC-3') e 1387r (5'-GGGCGGWGTGTACAAGGC-3'). A mistura de PCR de 50 μl continha 20 a 50 ng de ADN, One Taq Quik-Load 2X Master mix (New England Biolabs, Inc. Beverly, MA), 10 pmol de cada iniciador (Fermentas, Thermo Fisher Scientific, Waltham, MA) e uma mistura de desoxinucleósido trifosfato 10 mM (Fermentas, Thermo Fisher Scientific, Waltham, MA). O programa de PCR consistiu em 30 ciclos de 94°C durante 1 min, 55°C durante 1 min e 72°C durante 1 min, seguidos de um passo de extensão final a 72°C durante 7 min. Os produtos de amplificação foram examinados por eletroforese em gel de agarose.

2.3.3 Sequenciação e análise filogenética

O serviço de sequenciação foi obtido da Gene Research and Technology (RefGen, Turquia). Para a filogenia, todas as sequências de nucleótidos foram analisadas utilizando Geneious (versão 6.1; Biomatters Ltd., NZ) e comparadas na base de dados NCBI (http://www.ncbi.nlm.nih.gov/) utilizando a ferramenta de pesquisa de alinhamento local básico (BLAST). A análise filogenética foi efectuada utilizando o Mega (Tamura et al., 2011) com o método de junção de vizinhos de 1000 bootstrap. Todas estas sequências do gene 16S rRNA foram depositadas na base de dados GenBank (http://www.ncbi.nlm.nih.gov/GenBank/index.html) com os números de acesso KC815705-KC815847 e KF366670-KF366711.

2.3.4 Ensaio de sensibilidade aos antibióticos

Para as cepas, exceto actinomicetos, os testes antibióticos foram realizados com o método de difusão em disco de acordo com os padrões de desempenho para testes de suscetibilidade antimicrobiana em disco emitidos pelo Clinical and Laboratory Standards Institute (CLSI, 2012). Foram utilizados onze agentes antimicrobianos representando diferentes classes de antibióticos como amicacina 30 µg (AN), ampicilina 10 µg (AM), cloranfenicol 30 µg (C), ceftazidima 30 µg (CAZ), cefotaxima 30 µg (CTX), ertapenem 10 µg (ETP), gentamicina 10 µg (GM), canamicina 30 µg (K), ácido nalidíxico 30 µg (NA), trimetoprim/sulfametoxazol 1.25µg/23,75µg (SXT), tetraciclina 30 µg (TE).

2.3.5 Teste de atividade enzimática

As estirpes de actinomicetos foram testadas utilizando os kits comerciais API ZYM® (BioMérieux, Inc. Durham, EUA) e BD BBL™ Crystal™ GP ID (Becton Dickinson and Company, EUA) de acordo com os manuais do utilizador.

2.3.6 Análise estatística

Foi efectuada uma análise hierárquica de grupos utilizando o PRIMER (versão 5; Plymouth Marine Laboratory, Reino Unido) para comparar a composição da comunidade bacteriana entre as amostras ambientais. A correlação de Pearson e a análise de componentes de princípio foram também efectuadas para testar as relações biogeoquímicas entre as estações.

CAPÍTULO TRÊS
RESULTADOS

3.1 Resultados físico-químicos

A composição geoquímica da área de estudo (Tuncer & Bizsel, 2016a, 2016b) estava geralmente na faixa do Mar Egeu. A análise granulométrica mostrou que as partículas maiores se encontravam nas estações A, como esperado, e as partículas mais finas nas estações C (Tabela 3.1, Figura 3.1). Os tipos de sedimentos das estações C eram geralmente silte argiloso a profundidades que variam de 416 a 1235 m, no entanto, as estações C1 e C4 eram areia a 72 m e areia siltosa a 207 m de profundidade, respetivamente. Por outro lado, as estações A localizadas na zona intertidal da Baía de Esmirna eram de areia, areia cascalhenta ou cascalho arenoso e as estações B com profundidades de aproximadamente 100, 150 e 200 m eram de areia ou areia-silte-argila.

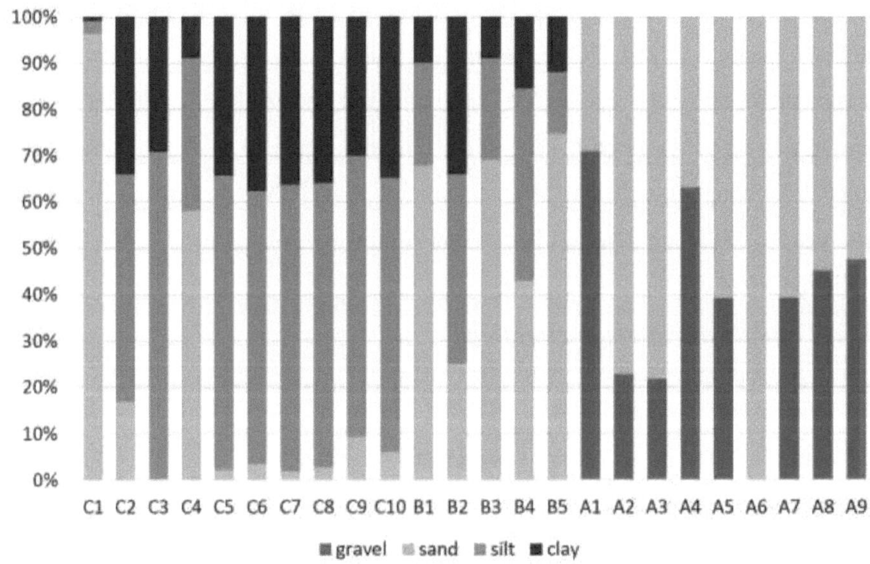

Figura 3.1 Granulometria dos sedimentos das estações A, B e C no Mar Mediterrâneo Oriental.

Em contraste com os teores de fósforo total e orgânico, os teores de carbono e azoto dos sedimentos apresentaram variações entre as estações A, B e C (Tabela 3.1, Figura 3.2). Para o CT e o TOC, as estações C1 e C2 registaram os valores mais baixos, enquanto a estação C3 registou os valores mais elevados. Foram obtidas percentagens elevadas de CT nas estações A1-A5 do interior da baía (10,24-20,94) em comparação com valores baixos de CT e TOC nas estações A6-A9 do meio da baía (2,97-7,78 e 0,12-0,90, respetivamente).

Por outro lado, a percentagem mais baixa de TN foi registada na estação C2 e a mais elevada na estação C1, que, de facto, apresentou geralmente os valores mais baixos para o resto dos teores (Tabela 3.1, Figura 3.2). Foram também registados valores baixos de TN nas estações A1-A5 do interior da baía (0,11-0,22%) e B (0,02-0,25%), ao contrário das estações A6-A9 do meio da baía (0,29-0,69%). As percentagens de TON foram de 0,01-0,09, BDL-0,18 e BDL-0,21 para as estações A, B e C, respetivamente (Tabela 3.1, Figura 3.2).

Além disso, as percentagens de TP foram mais elevadas nas estações A1-A5 interior da baía (0,0320,046) e nas estações B com profundidades de aproximadamente 100-150 m (0,037-0,053) do que nas estações C (0,011-0,035) (Tabela 3.1, Figura 3.2). Por outro lado, as percentagens de TOP variaram entre 0,004-0,022 para as estações C, 0,006-0,017 e 0,007-0,010 para as estações A1-A5 baía interior e A6-A9 baía média exterior, respetivamente, e 0,001-0,015 e 0,0100,017 para as estações B com profundidades de aproximadamente 100-150 m e 200 m, respetivamente (Tabela 3.1, Figura 3.2).

Dc acordo com os resultados da análise dos sedimentos, a análise hierárquica de agrupamento indicou que as estações interiores da baía se agruparam como Ai e as estações intermédias exteriores da baía como Aj para as estações A na Baía de Esmirna com 91% de semelhança, enquanto as estações mais superficiais (104-159 m) como Bi e as estações mais profundas (202 m) como Bj para as estações B no Mar Egeu com 95% de semelhança.

Tabela 3.1 Parâmetros dos sedimentos das estações A, B e C no Mar Mediterrâneo Oriental.

Estações	Profundidade (m)	Tipo de sedimento	CT (%)	COT (%)	TN (%)	TONELADAS (%)	TP (%)	TOP (%)
Al	0	cascalho arenoso	10.24	1.29	0.11	0.01	0.041	0.017
A2	0	areia	12.12	3.42	0.11	0.03	0.037	0.008
A3	0	areia	17.56	6.37	0.16	0.05	0.032	0.006
A4	0	cascalho arenoso	20.94	7.77	0.22	0.09	0.046	0.010
A5	0	areia cascalhenta	15.12	5.12	0.15	0.10	0.035	0.008
A6	0	areia	5.20	0.28	0.50	0.09	0.021	0.007
A7	0	areia cascalhenta	2.97	0.12	0.29	0.02	0.018	0.007
A8	0	areia cascalhenta	7.78	0.26	0.69	0.02	0.022	0.008
A9	0	areia cascalhenta	6.38	0.89	0.51	0.08	0.021	0.010
B1	104	areia siltosa	9.09	1.05	0.02	BDL	0.042	0.012
B2	202	areia-silte-argila	5.26	2.41	0.23	0.09	0.031	0.015
B3	159	areia siltosa	6.16	1.89	0.15	BDL	0.051	0.004
B4	202	areia-silte-argila	5.66	2.18	0.12	BDL	0.036	0.011
B5	106	areia argilosa	5.56	1.78	0.11	0.08	0.037	0.008
C1	72	areia	2.92	0.56	0.94	BDL	0.011	0.004
C2	522	silte argiloso	5.01	2.82	0.02	BDL	0.033	0.016
C3	899	silte argiloso	22.70	11.59	0.68	BDL	0.035	0.022
C4	207	areia siltosa	9.34	8.09	0.47	0.17	0.027	0.013
C5	708	silte argiloso	12.55	0.58	0.59	BDL	0.032	0.016
C6	703	silte argiloso	15.27	9.00	0.57	0.21	0.026	0.011
C7	1035	silte argiloso	9.59	5.35	0.11	BDL	0.030	0.013
C8	1235	silte argiloso	17.95	1.65	0.38	0.01	0.028	0.011
C9	416	silte argiloso	14.54	5.91	0.27	0.09	0.030	0.018
C10	661	silte argiloso	4.43	1.86	0.30	0.12	0.030	0.016

CT: carbono total; TOC: carbono orgânico total; TN: azoto total; TON: azoto orgânico total; TP: fósforo total; TOP: fósforo orgânico total; BDL: nível de deteção inferior.

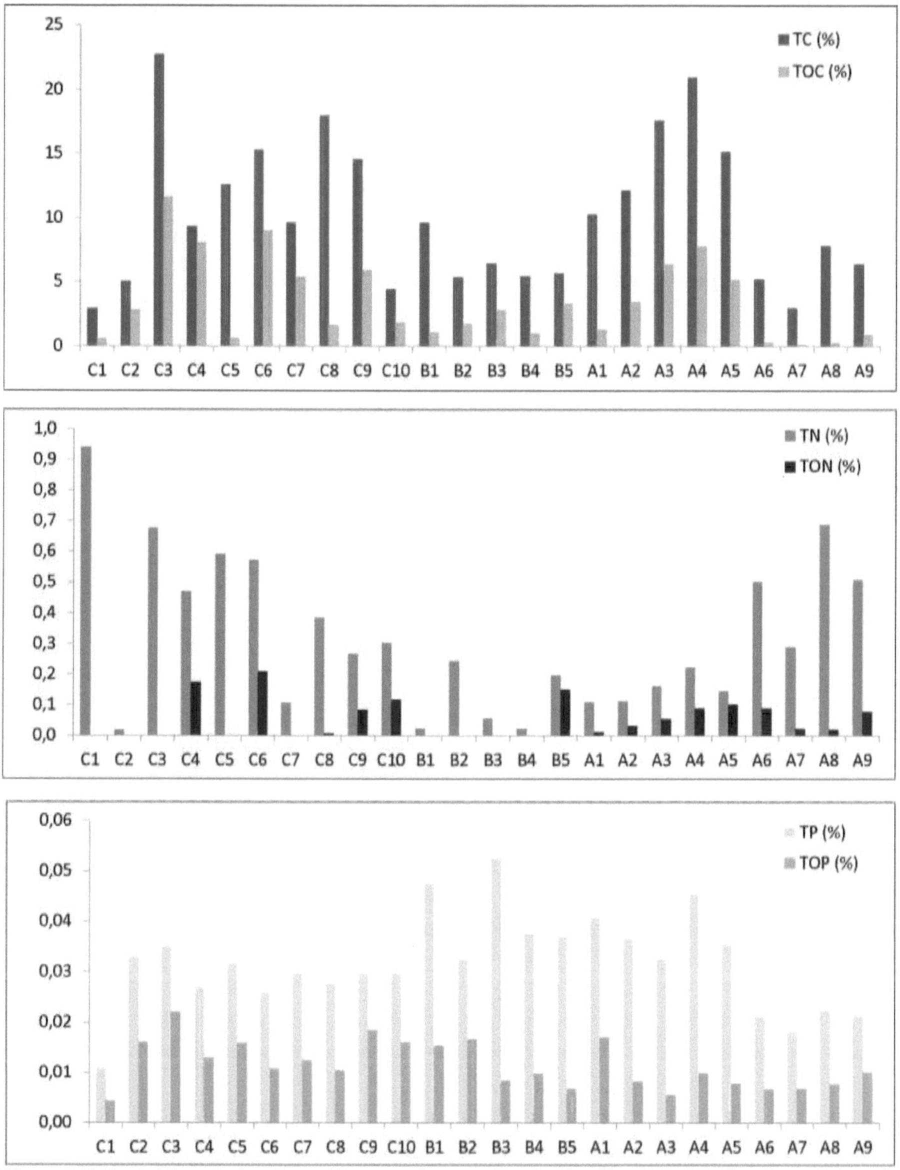

Figura 3.2 Conteúdo químico dos sedimentos das estações A, B e C no Mar Mediterrâneo Oriental. (TC: carbono total; TOC: carbono orgânico total; TN: azoto total; TON: azoto orgânico total; TP: fósforo total; TOP: fósforo orgânico total).

3.2 Resultados biológicos

3.2.1 Condições de crescimento e morfologia das colónias

Os isolados bacterianos foram obtidos principalmente a partir do meio M1 e depois dos meios M6 e M7, mas os restantes meios de isolamento não foram bem sucedidos. Entre os sete métodos de processamento de sedimentos, os métodos (a) e (f), que consistiam em secar sedimentos húmidos durante a noite e diluir sedimentos húmidos com água do mar estéril, foram altamente eficazes. Além disso, 20% dos isolados necessitaram de NaCl para crescer.

As cores das colónias dos isolados eram principalmente rosa, laranja, amarelo, creme e branco com diferentes tamanhos e formas. A Figura 3.3 apresenta um exemplo de fotografia de Petri e imagens SEM da estirpe 19BA4Y12.

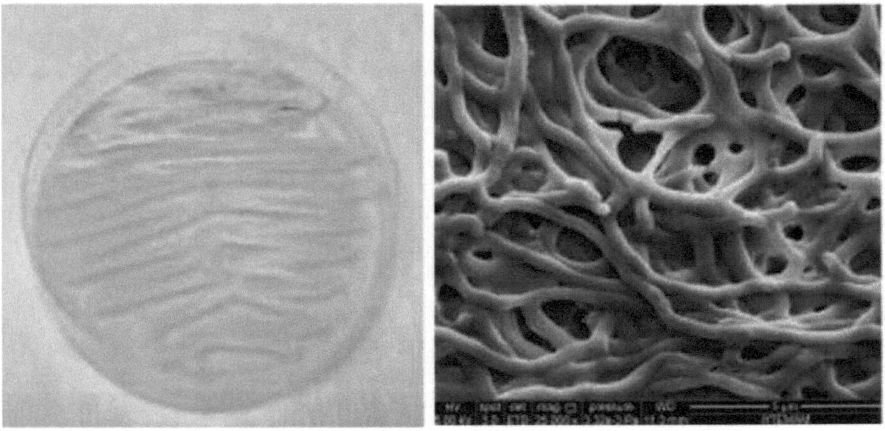

Figura 3.3 A fotografia de Petri e a imagem SEM de 25000X da estirpe 19BA4Y12.

3.2.2 Análise filogenética

Das estações A, B e C, foram analisadas filogeneticamente 185 estirpes com diferentes distribuições espaciais e caraterísticas morfológicas (Tuncer & Bizsel, 2016a, 2016b). Foram obtidas três classes como *Bacilli*, *Actinobacteria* e *Gammaproteobacteria* e, dentro dessas classes, havia 14 famílias como *Alteromonadaceae*, *Bacillaceae*, *Exiguobacteriaceae*, *Halomonadaceae*, *Moraxellaceae*, *Nocardiopsaceae*, *Planococcaceae*, *Pseudoalteromonadaceae*, *Pseudomonadaceae*, *Pseudonocardiaceae*, *Staphylococcaceae*, *Streptomycetaceae*, *Sporolactobacillaceae* e *Vibrionaceae* (quadro 3.2). Quando a árvore filogenética foi construída utilizando a sequência quase completa do gene 16S rRNA de um isolado representativo de cada estirpe-tipo mais próxima, verificou-se que a árvore apoiava claramente essas três classes que formavam clados separados (figura 3.4 e 3.5).

A maioria das estirpes formou um clado altamente diversificado com membros pertencentes à ordem *Bacillales* do filo *Firmicutes* (Figura 3.4). Partilhavam uma elevada afiliação filogenética com espécies de *Bacillus*. Enquanto cerca de metade das estirpes *de Bacillus* estavam estreitamente relacionadas com *Bacillus aryabhattai*, *[Brevibacterium] frigoritolerans*, grupo *Bacillus subtilis* e *Bacillus hwajinpoensis* (16%, 14%, 9% e 7%, respetivamente), o quarto estava relacionado com *[Brevibacterium] halotolerans*, *Bacillus algicola*, *Bacillus aquimaris*, grupo *Bacillus cereus* e *Bacillus vietnamensis* (5% para cada). Além disso, os outros géneros dentro desta ordem *Bacillales* foram *Exiguobacterium*, *Fictibacillus*, *Halobacillus*, *Lysinibacillus*, *Oceanobacillus*, *Planococcus*, *Pontibacillus*, *Staphylococcus* e *Virgibacillus*.

Outros dois clados tinham 5 ordens diferentes: *Actinomycetales*, *Alteromonadales*, *Oceanospirillales*, *Pseudomonadales* e *Vibrionales* (Figura 3.5). Dentro da ordem *Actinomycetales*, que forma um clado separado, a maioria das estirpes pertencia ao género *Streptomyces* e havia também os géneros *Nocardiopsis* e *Pseudonocardia*. Por outro lado, o segundo clado incluía 8 géneros diferentes, como *Halomonas*, *Marinobacter*, *Psychrobacter*, *Pseudoalteromonas*, *Pseudomonas*, *Photobacterium*, *Salinimonas* e *Vibrio*, pertencentes a 6 grupos familiares distintos.

Tabela 3.2 Percentagens de famílias do tipo mais próximo isoladas do Mar Mediterrâneo Oriental.

Família	C1	C2	C3	C4	C5	C6	C7	C8	C9	C10	Ai	Aj	Bi	Bj
Alteromonadáceas	26	0	0	0	0	0	0	0	0	0	74	0	0	
Bacillaceae	1	3	4	5	4	3	4	4	3	5	14	21	18	12
Exiguobacteriaceae	0	0	0	0	0	0	0	0	0	0	100	0	0	
Halomonadáceas	0	0	0	0	0	0	0	0	0	60	0	40	0	
Moraxellaceae	0	0	0	0	0	0	0	0	0	0	0	100	0	
Nocardiopsaceae	0	0	0	0	0	0	0	0	52	0	0	48	0	
Planococcaceae	0	0	0	0	0	0	0	0	0	50	50	0	0	
Pseudoalteromonadáceas	0	0	0	0	0	0	0	0	0	0	0	67	33	
Pseudomonadáceas	0	100	0	0	0	0	0	0	0	0	0	0	0	
Pseudonocardiaceae	0	100	0	0	0	0	0	0	0	0	0	0	0	
Sporolactobacillaceae	50	0	50	0	0	0	0	0	0	0	0	0	0	
Staphylococcaceae	0	0	0	0	0	0	0	0	0	100	0	0	0	
Streptomycetaceae	5	5	0	0	0	10	10	5	0	0	0	0	21	42
Vibrionaceae	0	0	0	0	0	0	0	0	0	0	0	100	0	

As classes *Actinobacteria* e *Gammaproteobacteria* e os géneros (pertencentes à ordem *Bacillales*), com exceção do género *Bacillus*, foram isolados principalmente nas estações A e B, e ainda alguns nas estações C como C1-C3, C6-C8. O isolamento e a diversidade de *Gammaproteobacteria* foram mais elevados nas estações Bi e *Actinobacteria* nas estações Bj. Além disso, as estirpes *de Bacillus*, com exceção de *[Brevibacterium] frigoritolerans* e *Bacillus algicola*, foram isoladas principalmente das estações B. Por outro lado, das estações A, foram obtidas as estirpes de *[Brevibacterium] halotolerans*, *Bacillus aryabhattai*, grupo *Bacillus subtilis* e *Bacillus algicola*. Enquanto que as estirpes de *[Brevibacterium] frigoritolerans* e *Bacillus hwajinpoensis* foram isoladas das estações C, *Bacillus algicola* e o grupo *Bacillus cereus* foram isolados de estações C pouco profundas como C1, C2, C4 e C9.

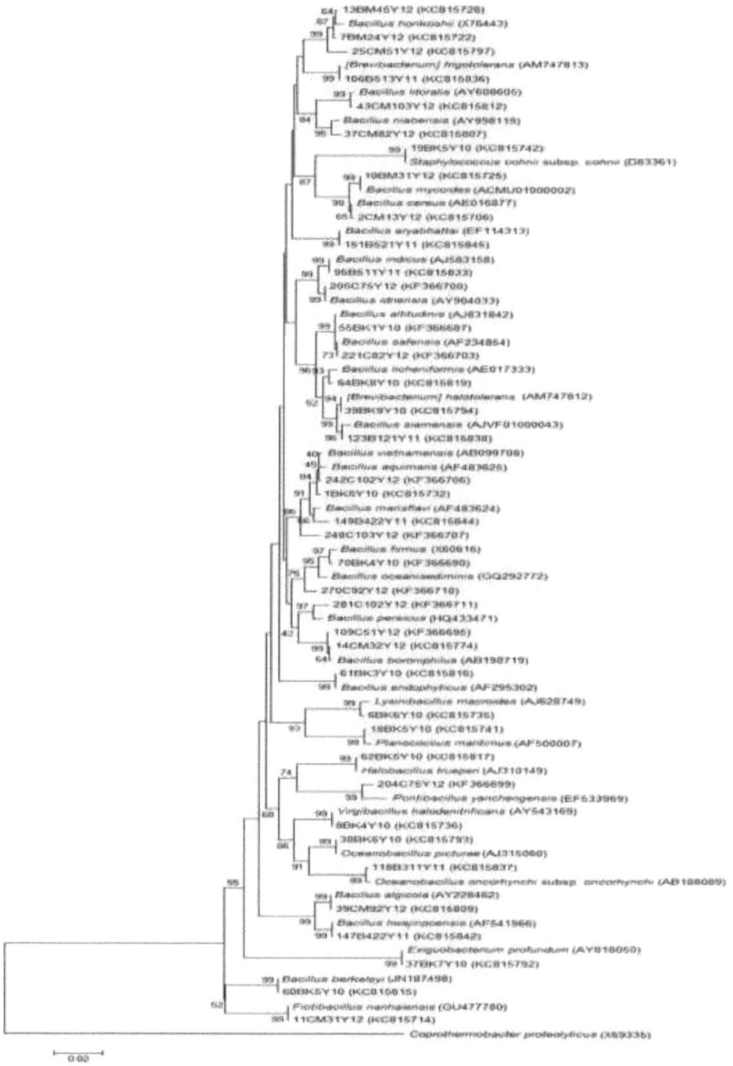

Figura 3.4 Para a ordem *Bacillales*, foi construída uma árvore de distância de vizinhança com sequências do gene 16S rRNA

16S rRNA. Os números de acesso GenBank foram indicados entre parênteses. Os valores de bootstrap calculados a partir de 1000 reamostragens foram apresentados em percentagem. *Coprothermobacter proteolyticus* foi utilizado

para posicionar a raiz.

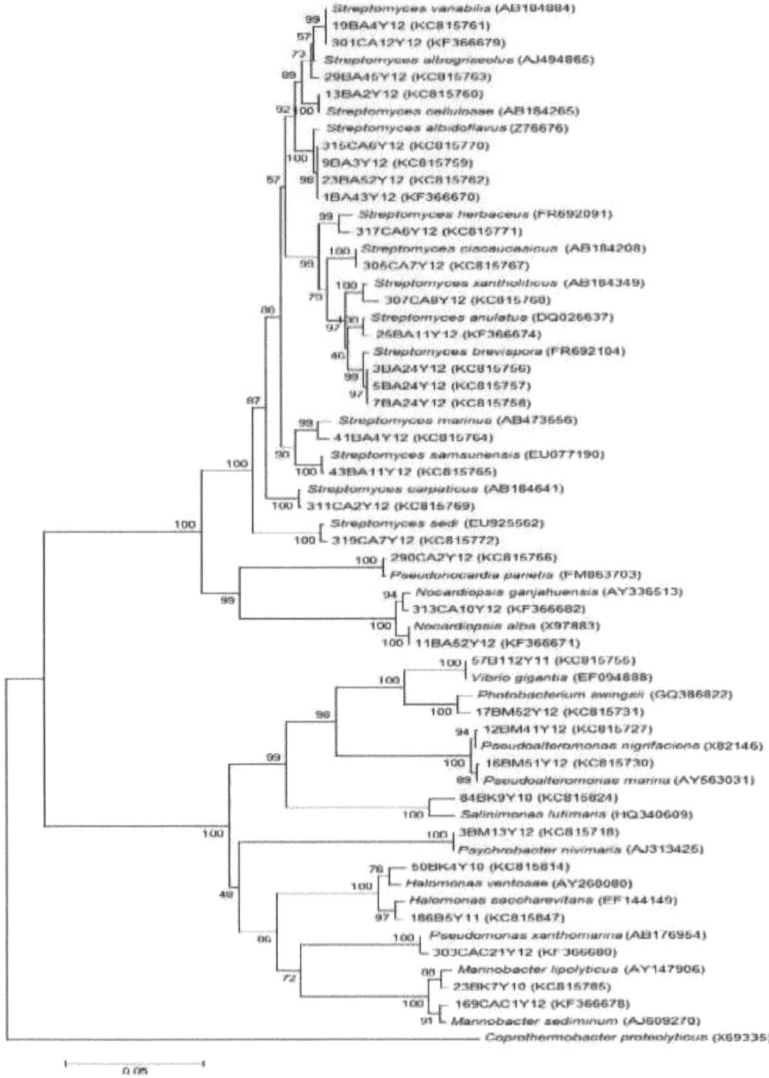

Figura 3.5 Para as classes *Actinobacteria* e *Gammaproteobacteria*, foi construída uma árvore de distância entre vizinhos foi construída utilizando sequências do gene 16S rRNA. Os números de acesso GenBank foram indicados entre parêntesis. entre parênteses. Os valores de bootstrap calculados a partir de 1000 reamostragens foram apresentados em percentagem.

Coprothermobacter proteolyticus foi utilizado para posicionar a raiz.

Cerca de metade das estirpes *de Bacillus* halófilos (12% do total de estirpes *de Bacillus*) foram obtidas nas estações C e as restantes nas estações A e B. Para além das espécies *Halomonas*, *Photobacterium*, *Planococcus*, *Pontibacillus* e *Pseudoalteromonas*, todas as estirpes estreitamente relacionadas com *Bacillus algicola*, *Bacillus hwajinpoensis* e *Bacillus boroniphilus* necessitam de NaCl para crescer.

A estirpe *Halomonas* 50BK4Y10 e a estirpe *Salinimonas* 84BK9Y10 isoladas das estações A (Figura 3.5) e a estirpe *Pontibacillus* 204C75Y12 da estação C7 (Figura 3.4) têm uma elevada probabilidade de representar novos taxa devido à semelhança de pares < 98% com as suas estirpes tipo mais próximas. Quando se considerou um limite de 98.5 a 99%, conforme revisto e proposto por (Stackebrandt & Ebers, 2006), o número de novos táxons aumenta, como as cepas *de Bacillus*, *Halomonas*, *Photobacterium* e *Streptomyces* (10CM31Y12,149B422Y11,17BM52Y12,17CM41Y12,186B5Y11, 235C101Y12, 248C103Y12, 270C92Y12, 317CA6Y12, 37CM82Y12, 41BA4Y12, 43CM103Y12 e 8BM24Y12) isoladas das estações B, C3, C4, C6, C8-C10.

3.2.3 Análise de clusters

A separação latitudinal na diversidade bacteriana foi obviamente observada na análise hierárquica de clusters baseada em matrizes de semelhança para comparação da comunidade bacteriana ao nível do género, conforme indicado na Figura 3.6 (Tuncer & Bizsel, 2016a, 2016b). Embora principalmente o filo *Firmicutes*, sendo *Bacillus* o género mais frequente, tenha sido obtido a partir das estações geograficamente próximas C1-C3 no Mar Egeu do Norte, a análise de clusters revelou as suas diferenças filogenéticas, apoiando as suas variações geoquímicas, conforme indicado na Tabela 3.1. Do mesmo modo, as estações A e B no Mar Egeu do Norte apresentaram essas diferenças no dendograma. Em comparação com as estações C, estas apresentaram a maior diversidade filogenética e a separação mesmo dentro destas duas estações foi observada no dendograma. Por outro lado, tal como as estações C4, C5 e C9 (mais próximas de C10), as estações C6-C8 no Mar Egeu do Sul formaram um grupo mais próximo, incluindo as famílias *Bacillaceae* e *Streptomycetaceae* no dendograma, subjacente à sua proximidade geográfica. Além disso, a separação latitudinal semelhante na diversidade filogenética também foi obtida na análise hierárquica de grupos para os taxa superiores.

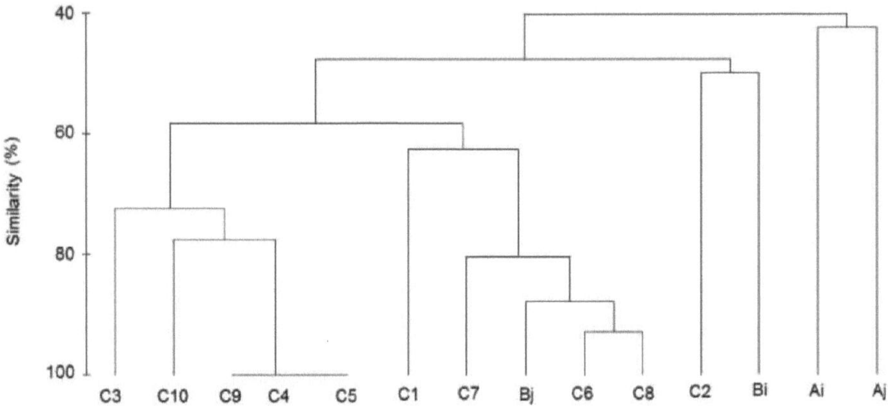

Figura 3.6 Dendograma de análise de agrupamento baseado na comparação da comunidade bacteriana ao nível do género de diferentes amostras de sedimentos.

3.2.4 Resistência aos antibióticos

As estirpes pertencentes às classes *Bacilli* e *Gammaproteobacteria* foram testadas contra diferentes tipos de antibióticos (Tuncer & Bizsel, 2016b). Em comparação com as estações C, obteve-se uma resistência muito mais elevada nas estações A e B (69 % e 50 %, respetivamente), para além de um índice MAR mais elevado (19 % e 14 %, respetivamente) (Tabela 33). Todas estas estirpes tinham um índice MAR superior a 0,2, indicando fontes de contaminação de alto risco no ambiente. Por outro lado, os níveis de suscetibilidade nas bacias profundas eram de 40-67 %, enquanto as estações Cl e C3 apresentavam os valores de resistência mais elevados (67 % e 57 %, respetivamente) entre as estações C, mas a resistência múltipla só foi observada nas estações C1-C4 e C8 (Quadro 3.3).

A resistência mais elevada foi encontrada nos antibióticos AN e depois CAZ, com um total de 45 (35 % do total de estirpes) e 28 estirpes (22 %), respetivamente (quadro 3.4). Os níveis intermédios também foram mais elevados para o AN (18 estirpes) e depois para o CTX (14 estirpes). No entanto, não se registaram níveis intermédios para ETP nem resistência a C. Não se registaram níveis intermédios para SXT nas estações A e para AM, C, ETP, GM nas estações B, nem resistência a C, ETP, GM nas estações A e a C, ETP, NA, SXT, TE nas estações B.

Tabela 3.3 Percentagens de resistência (R), intermédia (I), suscetibilidade (S) e índice de resistência múltipla elevada a antibióticos (MAR) para isolados de sedimentos do Mar Mediterrâneo Oriental.

Estações	R (%)	I (%)	S (%)	MAR elevado (%)
Al	67	33	0	33
A2	100	0	0	0
A3	67	0	33	0
A4	50	25	25	0
A5	75	0	25	38
A6	50	25	25	0
A7	57	43	0	29
A8	83	0	17	17
A9	86	0	14	29
B1	38	38	23	0
B2	44	22	33	0
B3	56	11	33	22
B4	50	20	30	10
B5	60	30	10	40
C1	67	0	33	33
C2	25	0	75	25
C3	57	14	29	14
C4	25	13	63	13
C5	17	33	50	0
C6	0	50	50	0
C7	60	0	40	0
C8	33	0	67	17
C9	50	0	50	0
C10	38	13	50	0

Enquanto os géneros *Planococcus, Marinobacter, Physchobacter* e *Vibrio* eram sensíveis a todos os antibióticos, não se verificou um nível intermédio para os géneros *Halobacillus, Fictibacillus, Lysinibacillus, Salinimonas, Photobacterium, Planococcus, Physchobacter* e *Vibrio* (Quadro 3.5). Enquanto os géneros *Planococcus e Marinobacter* isolados das estações A e *Physchobacter* e *Vibrio* das estações B foram sensíveis a todos os antibióticos, não se verificou um nível intermédio para os géneros *Halobacillus, Lysinibacillus, Salinimonas e Planococcus* isolados das estações A e

Photobacterium, Physchobacter e *Vibrio* das estações B.

Tabela 3.4 Percentagens de resistência a antibióticos para isolados de sedimentos do Mar Mediterrâneo Oriental.

Estações	AM	AN	CAZ	CTX	ETP	GM	K	NA	SXT	ET
A1	0	50	25	25	0	0	0	0	0	0
A2	0	67	33	0	0	0	0	0	0	0
A3	0	67	33	0	0	0	0	0	0	0
A4	0	50	50	0	0	0	0	0	0	0
A5	13	40	27	7	0	0	0	7	0	7
A6	0	60	20	0	0	0	0	20	0	0
A7	0	38	25	13	0	0	13	0	13	0
A8	0	56	33	0	0	0	0	11	0	0
A9	7	43	14	7	0	0	7	14	0	7
B1	0	83	17	0	0	0	0	0	0	0
B2	0	80	20	0	0	0	0	0	0	0
B3	0	45	18	18	0	9	9	0	0	0
B4	0	50	25	0	0	13	13	0	0	0
B5	12	35	18	12	0	6	18	0	0	0
C1	13	25	13	13	0	13	13	0	13	0
C2	20	20	0	20	0	0	20	0	20	0
C3	0	38	0	0	0	25	13	13	13	0
C4	0	0	25	25	25	0	0	25	0	0
C5	0	100	0	0	0	0	0	0	0	0
C6	0	0	0	0	0	0	0	0	0	0
C7	0	25	25	0	0	0	25	25	0	0
C8	0	20	40	0	0	0	0	20	20	0
C9	0	33	33	0	0	0	0	33	0	0
C10	0	40	40	20	0	0	0	0	0	0

AN: amicacina 30 µg; AM: ampicilina 10 µg; C: cloranfenicol 30 µg; CAZ: ceftazidima 30 µg; CTX: cefotaxima 30 µg; ETP: ertapenem 10 µg; GM: gentamicina 10 µg; K: canamicina 30 µg; NA: ácido nalidíxico 30 µg; SXT: trimetoprim/sulfametoxazol 1.25µg/23,75µg; TE: tetraciclina 30 µg.

Tabela 3.5 Percentagens de resistência aos antibióticos das famílias pertencentes à ordem *Bacillales* e à classe *Gammaproteobacteria*.

Família	AM	AN	CAZ	CTX	ETP	GM	K	NA	SXT	ET
Bacillaceae	5	37	21	9	1	8	7	4	2	0
Exiguobacteriaceae	0	100	0	0	0	0	0	0	0	0
Sporolactobacillaceae	0	100	0	0	0	100	0	0	0	0
Planococcaceae	0	0	100	0	0	0	0	100	0	0
Staphylococcaceae	100	100	100	0	0	0	0	100	0	100
Alteromonadáceas	0	100	100	0	0	0	0	100	0	100
Halomonadáceas	0	50	0	0	0	0	50	0	0	0
Pseudoalteromonadáceas	0	67	33	0	0	0	0	0	0	0
Vibrionaceae	100	100	0	0	0	0	100	0	0	0

AN: amicacina 30 μg; AM: ampicilina 10 μg; C: cloranfenicol 30 μg; CAZ: ceftazidima 30 μg; CTX: cefotaxima 30 μg; ETP: ertapenem 10 μg; GM: gentamicina 10 μg; K: canamicina 30 μg; NA: ácido nalidíxico 30 μg; SXT: trimetoprim/sulfametoxazol 1.25μg/23,75μg; TE: tetraciclina 30 μg.

3.2.5 *Actividades enzimáticas*

As estirpes de actinomicetos apresentaram geralmente elevadas actividades de fosfatase (alcalina ou ácida), lipase ou esterase, aminopeptidase (90%, 81% e 68% de todos os isolados,respetivamente), em contraste com actividades enzimáticas baixas para a utilização de carbono, tais como actividades de glucosidase ou galactosidase com 44% dos isolados e também 15% de atividade média contra substratos relacionados para glucosaminidase, maltosidase, urase, trealase, lactase, metilglucosidase, sacarase, manitol desidrogenase, amilase, arabinase, frutocinase, glicerol quinase, glucuronidase, manosidase, fucosidase e desidrogenase (Tuncer & Bizsel, 2017a). De acordo com os valores médios de atividade para cada estação, as estirpes isoladas da estação C10 apresentaram as actividades mais baixas, enquanto as actividades mais elevadas de glucosidase ou galactosidase foram obtidas das estações C6-C8 (Quadro 3.6). Por outro lado, enquanto os isolados da estação C2 apresentaram a segunda atividade mais baixa de fosfatases, a estação C1 apresentou as actividades mais baixas de glucosidase ou galactosidase. Tal como esta separação entre as estações C1 e C2 mais próximas, os isolados das estações B mais profundas (B2 e B4) apresentaram actividades inferiores às das estações B mais superficiais (B1, B3 e B5). De facto, no conjunto das estações B, a atividade de aminopeptidase foi a mais elevada de todas as estações (quadro 3.6).

Tabela 3.6 Valores médios das actividades enzimáticas para substratos relacionados nos sedimentos do Mar Mediterrâneo Oriental.

Estações	Atividade da fosfatase (%)	Atividade de aminopeptidase (%)	Atividade de lipase ou esterase (%)	Atividade de glucosidase ou galactosidase (%)
B1	100	67	83	55
B2	100	74	92	33
B3	100	75	100	40
B4	80	71	67	45
B5	100	83	100	45
C1	100	58	100	20
C2	60	67	100	50
C6	90	79	50	40
C7	100	58	100	60
C8	100	50	100	80
C10	40	25	33	50

Com a ajuda do kit de identificação BBL GP, verificou-se que a síntese de enzimas extracelulares dos isolados era muito elevada para a fosfatase alcalina, fenilalanina arilamidase, triptofano arilamidase, arginina arilamidase, prolil e leucina arilamidase, β-glucosidase, N-acetil-β-glucosaminidase, arginase, ao contrário da atividade muito baixa de pirrolidonil arilamidase e isoleucina arilamidase. Em contraste com a elevada atividade de β-glucosidase para p-nitrofenil-β-D-glucósido, apenas um ou dois isolados apresentaram atividade de α-maltose, urease e β-glucosidase para esculina e p-nitrofenil-β-D-celobiósido. Por outro lado, os isolados não sintetizaram trealase, lactase, α e β-metil glucosidase, sacarase, manitol desidrogenase, α amilase, arabinase, frutocinase, glicerol quinase e desidrogenase.De acordo com os resultados do kit API ZYM, quase todos os isolados sintetizaram enzimas extracelulares de fosfatase alcalina e ácida, naftol AS-BI fosfohidrolase, esterase, esterase lipase, lipase, leucina arilamidase, valina arilamidase, cistina arilamidase, N-acetil-β-glucosaminidase. Embora nenhum dos isolados tenha tido atividade de α-quimotripsina, metade deles apresentou atividade de tripsina e α-glucosidase. Por outro lado, verificou-se uma baixa atividade de α e β galactosidase, β glucuronidase, α manosidase, α fucosidase e β glucosidase para 6-Br-2-naftil-β-D- glucopiranosídeo.

3.2.6 Análise estatística

De acordo com a análise estatística da correlação de Pearson para as estações A, B e C, verificou-se uma correlação positiva entre o carbono orgânico e o azoto orgânico ($p<0,05$) e uma correlação negativa entre os teores de azoto e fósforo dos sedimentos ($p<0,05$), para além da correlação negativa entre o teor de carbono dos sedimentos e o número de famílias e géneros bacterianos ($p<0,05$). Além disso, foi encontrada uma correlação positiva entre a resistência a antibióticos e os tipos de sedimentos das estações A, B e C ($p<0,05$) (Tuncer & Bizsel, 2016b). Este resultado esperado apoiou o facto de que as zonas costeiras afectadas por entradas terrestres e antropogénicas tinham maior resistência em comparação com as bacias profundas. Houve também uma correlação positiva entre o número de bactérias (em ambos os taxa inferiores e superiores) e a resistência e até mesmo o índice MAR ($p<0,05$).

A análise de componentes principais baseada em parâmetros biogeoquímicos (profundidade das estações, conteúdo químico e tipo de sedimentos, número de famílias e géneros de bactérias, número de famílias e géneros de resistentes) também foi seguida para as estações A, B e C. Verificou-se que os dois primeiros factores com valores próprios superiores a 1,0 representaram aproximadamente 82 % da variação total (Figura 3.7), para além da variação do terceiro fator como aproximadamente 11 %. De acordo com as cargas factoriais (valores de correlação) superiores a 0,5, o primeiro fator apresentou valores elevados para as percentagens de CT, COT, TP e TN nos sedimentos, enquanto o segundo fator apresentou valores elevados para as percentagens de TON e TOP (Tabela 3.7). No gráfico bidimensional das pontuações dos factores dos componentes principais (Figura 3.7), a separação das estações A, mesmo com baías intermédias e interiores, foi claramente observada, para além da separação das estações geograficamente próximas C1 - C3.

Quadro 3.7 Matriz de factores para os parâmetros biogeoquímicos obtidos a partir da componente principal
análise.

Variáveis	Factor1	Factor2	Factor3
CT (%)	-0.95	-0.17	-0.02
COT (%)	-0.93	-0.31	-0.10
TN (%)	0.76	-0.32	0.32
TONELADAS (%)	-0.33	-0.74	0.52
TP (%)	-0.93	0.31	0.10
TOP (%)	-0.19	0.84	0.50
Tipo de sedimento	-0.33	0.37	0.32
Número da família bacteriana	0.21	-0.49	0.24
Número do género bacteriano	0.29	-0.47	0.23
Número da família resistente	0.30	-0.49	0.34
Número do género resistente	0.45	-0.44	0.23

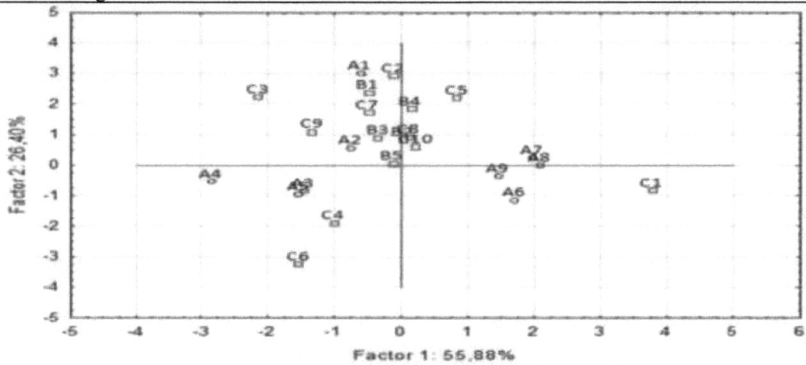

Figura 3.7 Gráfico da análise de componentes principais baseado na comparação dos parâmetros biogeoquímicos parâmetros biogeoquímicos para as estações A, B e C.

CAPÍTULO QUATRO

DISCUSSÃO

4.1 Parâmetros físico-químicos no Mar Mediterrâneo Oriental

A composição geoquímica da área de estudo estava geralmente dentro da gama do Mar Egeu. Para além da diminuição dos tamanhos dos grãos com a profundidade, os conteúdos químicos dos sedimentos reflectiam a variabilidade regional (Tuncer & Bizsel, 2016a, 2016b). Para as estações A na Baía de Esmirna, observou-se uma separação geoquímica do interior da baía (Ai) altamente influenciada pela descarga de esgotos industriais e domésticos e pela entrada do rio. Do mesmo modo, para as estações B mais próximas da zona costeira, como a ilha de Lesbos, as baías de Esmirna e Candarli no mar Egeu do Norte, as estações Bi, mais superficiais, distinguiram-se das estações Bj. Enquanto as estações C1-C3, localizadas na parte superior do mar Egeu do Norte, com uma topografia de fundo complexa e condições hidrográficas altamente dinâmicas, são influenciadas pelo mar Egeu e pelo mar Negro, rico em nutrientes, as estações C6-C8, influenciadas pelo mar Egeu e pelo mar Levantino, oligotrófico e empobrecido em oxigénio, também apresentam variações geoquímicas. No Mar Egeu central, as estações C4, C5, C9 e C10 também apresentaram diferenciação nos parâmetros sedimentares.

Ao contrário da composição de silte e areia da Baía de Esmirna, que mostra uma transição de sedimentos siltosos na parte oriental da baía interior para sedimentos arenosos mais grosseiros na parte noroeste da baía exterior (Aksu et al, 1998; Duman et al., 2004), a distribuição granulométrica da zona intertidal da Baía de Esmirna variou de areia a cascalho arenoso em três regiões (Tuncer & Bizsel, 2017b). O conteúdo orgânico da zona era mais elevado na baía interior do que nas baías intermédia e exterior. Enquanto as percentagens de TOC estavam mais próximas das indicadas em (Aksu et al., 1998), as percentagens de TC, especialmente na baía interior, duplicaram aproximadamente o valor máximo indicado em estudos anteriores (Sunlu et al., 2008). Por outro lado, os teores de fósforo e azoto no sedimento da Baía de Esmirna não tinham sido muito estudados anteriormente. Os valores de TP foram igualmente mais elevados no interior da baía, mas quase metade do valor indicado por Aksu et al.

(1998). O padrão inverso para os valores de TN-TON em comparação com as distribuições de TC-TOC e TP-TOP indicou limitação de N, tal como observado de forma semelhante na água do mar da Baía de Esmirna (Bizsel & Sunlu, 2000; Kucuksezgin, 2011).

Tal como os parâmetros da água do mar das estações B (Tuncer & Bizsel, 2017c), em geral, a gama do Mar Egeu e, especialmente, as concentrações de nutrientes estão mais próximas dos valores do Mar Egeu do Norte, que é muito mais eutrófico do que oligotrófico no Mar Egeu do Sul (Kucuksezgin et al, 1995; Gotsis-Sokrates et al., 1999; Ignatiades et al., 1998 e 2002; Friligos & Krasakopoulou, 2001; Tsikliras et al., 2001; Pavlidou et al, 2010), o CT e o TOC dos sedimentos das estações B situavam-se nos intervalos do Mar Egeu (0,33-15,63% e 0,22- 6,76%, respetivamente) (Yasar, 1994; Hatzianestis et al., 1998; Friligos & Krasakopoulou, 2001; Aydin & Sunlu, 2004; Polymenakou et al., 2005; Sunlu et al, 2005), mas muito mais próximos dos sedimentos costeiros da Baía de Candarli (0,0310,22%) (Kaymakci-Basaran, 2004; Cagri-Tas et al., 2007), além de valores para os sedimentos costeiros da Ilha de Lesbos e da Baía de Izmir (2,50-4,10% e 0,24-5,08%, respetivamente) (Kostopoulou et al., 2013). Por outro lado, os valores de TN foram muito superiores aos anteriores 0,023-0,074% no Mar Egeu do Norte (Friligos & Krasakopoulou, 2001), ao contrário dos valores de TON que foram semelhantes aos anteriores 0,04-0,10% no Mar de Creta (Polymenakou et al., 2009).

Além disso, as estações C3 no Mar Egeu do Norte e C6-C8 no Mar Egeu do Sul apresentaram teores de carbono mais elevados do que os anteriores 0,33-15,63% e 1,30-13,10% para CT, 0,22-6,76% e 0,42-0,99% para TOC no Mar Egeu do Norte e no Mar Egeu do Sul, respetivamente (Hatzianestis et al, 1998; Friligos & Krasakopoulou et al., 2001; Polymenakou et al., 2005 e 2009; Aloupi et al., 2007; Aydin-Onen et al., 2012; Kostopoulou et al., 2013). No entanto, para os teores de azoto, a estação C2 apresentou valores de TN inferiores aos anteriores 0,02-0,07% no Mar Egeu do Norte (Friligos &
Krasakopoulou et al., 2001) e a estação C6 apresentou uma TON mais elevada do que os anteriores 0,04-0,10% no Mar Egeu do Sul (Polymenakou et al., 2009).

4.2 Diversidade bacteriana no Mar Mediterrâneo Oriental

Em estudos recentes baseados na análise comparativa de bibliotecas de clones de 16S rRNA, foi relatado que a dominância em sedimentos profundos do Mar Mediterrâneo Oriental era constituída por *Acidobacteria* (Polymenakou et al. 2009; Kouridaki et al. 2010). Por outro lado, de acordo com as sequências do gene 16S rRNA, foram isolados principalmente os *Firmicutes*, sendo *Bacillus* o género mais frequente e, em seguida, *Actinobacteria*, utilizando métodos baseados em cultivo a partir de sedimentos profundos do mar de Creta (Gartner et al., 2011). Da mesma forma, o filo *Firmicutes* foi predominantemente isolado, para além das classes *Actinobacteria* e *Gammaproteobacteria*, com métodos baseados em cultivo no presente estudo a partir de sedimentos do Mar Mediterrâneo Oriental (Tuncer & Bizsel, 2016a, 2016b). Embora as *Firmicutes* e *Actinobacteria* tenham representado uma parte menor nas bibliotecas de genes 16S rRNA dos sedimentos mediterrânicos (Heijs et al. 2008), especialmente para os sedimentos do Mar Mediterrâneo Oriental, com 3 % de *Firmicutes* e 4 - 28 % de *Actinobacteria* da sequência total (Polymenakou et al., 2009), constituíram a maioria em estudos dependentes de cultura de sedimentos do Mar de Creta, juntamente com *Gammaproteobacteria*, que se tornaram dominantes sob incubação de pressão hidrostática desses sedimentos (Gartner et al., 2011). No entanto, no presente estudo, as *Gammaproteobacteria* foram maioritariamente obtidas em sedimentos pouco profundos do Mar Egeu (Tuncer & Bizsel, 2016a, 2016b), apoiando os clones frequentes do gene 16S rRNA deste filo em comparação com os sedimentos mais profundos do Mar Mediterrâneo Oriental (Polymenakou et al., 2005).

No presente estudo, obtiveram-se géneros muito diversos pertencentes ao filo *Firmicutes* e à classe *Gammaproteobacteria*, especialmente nas estações mais superficiais A e B do Mar Egeu (Tuncer & Bizsel, 2016a, 2016b, 2017b, 2017c, 2017d), em vez da classe *Actinobacteria* do estudo anterior dos sedimentos do Mar de Creta (Gartner et al., 2011). Enquanto um clado altamente diversificado com membros pertencentes à ordem *Bacillales* partilhando uma elevada afiliação filogenética com a maioria das espécies *Bacillus*, para além dos géneros *Exiguobacterium*, *Fictibacillus*, *Halobacillus*, *Lysinibacillus*, *Oceanobacillus*, *Planococcus*, *Pontibacillus*,

Staphylococcus e *Virgibacillus* foi obtido no presente estudo a partir de sedimentos do Mar Mediterrâneo Oriental (Tuncer & Bizsel, 2016a, 2016b), apenas 3 géneros como *Bacillus*, *Halobacillus* e *Staphylococcus* foram isolados dos sedimentos do mar de Creta (Gartner et al., 2011). Além disso, para a classe *Gammaproteobacteria*, 8 géneros diferentes como *Halomonas*, *Marinobacter*, *Psychrobacter*, *Pseudoalteromonas*, *Pseudomonas*, *Photobacterium*, *Salinimonas* e *Vibrio* foram obtidos nos nossos estudos actuais em sedimentos do Mar Egeu (Tuncer & Bizsel, 2016a, 2016b), mas 6 géneros como *Alteromonas*, *Marinobacter*, *Microbulbifer*, *Pseudoalteromonas*, *Pseudomonas* e *Srenotrophomonas* foram isolados dos sedimentos do mar de Creta (Gartner et al., 2011).

Na área de estudo, a diversidade de actinomicetos estreitamente relacionada com os géneros *Nocardiopsis*, *Pseudonocardia* e *Streptomyces* foi inferior em comparação com estudos anteriores no Mar Mediterrâneo Oriental (Tuncer & Bizsel, 2017a). No estudo dos sedimentos do mar de Creta, os actinomicetos isolados estavam filogeneticamente associados aos géneros *Arthrobacter*, *Blastococcus*, *Corynebacterium*, *Micromonospora*, *Pseudonocardia e Streptomyces* (Gartner et al. 2011). Apesar da elevada diversidade filogenética em taxa superiores em Gartner et al. 2011, as estirpes *de Streptomyces* foram consideradas mais diversas no presente estudo de sedimentos no Mar Mediterrâneo Oriental (Tuncer & Bizsel, 2016a, 2016b, 2017a). Para além do isolamento de actinomicetos alcalifílicos MA1-1 de sedimentos da Baía de Esmirna, Mar Egeu (Hames-Kocabas & Uzel, 2007), foram observadas estirpes *de Streptomyces* muito mais diversas e uma estirpe *de Nocardia alba* entre 66 estirpes antimicrobianamente ativas de 261 actinomicetos isolados dos sedimentos nas costas turcas do Mar Negro, Mar Egeu e Mar Mediterrâneo (Ozcan et al., 2013).

4.3 Caraterísticas biogeoquímicas no Mar Mediterrâneo Oriental

As caraterísticas fisiológicas e filogenéticas de todos os isolados bacterianos no presente estudo de sedimentos do Mar Mediterrâneo Oriental indicaram uma elevada diversidade e sublinharam as relações com factores ambientais que reflectem os padrões biogeoquímicos na área de estudo.

No presente estudo, verificou-se que existia uma relação entre as actividades enzimáticas dos actinomicetos e o estado trófico do Mar Mediterrâneo Oriental (Tuncer & Bizsel, 2017a). As estirpes de actinomicetos isoladas das estações B e C apresentaram elevadas actividades de fosfatase, lipase, esterase e aminopeptidase, em contraste com baixas actividades de glucosidase ou galactosidase. Para além de uma correlação positiva entre a atividade de aminopeptidase e a limitação de N como indicação da utilização de azoto orgânico para o crescimento bacteriano no estudo de Cunha & Almeida (2009), foi também demonstrado que a biomassa bacteriana nos sedimentos do Mar Egeu apresentava uma correlação positiva com a concentração de proteínas sedimentares (Danovaro et al., 1999). Foi também referido que os hidratos de carbono eram um reservatório de carbono orgânico não utilizado em sedimentos oligotróficos de profundidade (Danovaro et al., 1999). Assim, no presente estudo, os resultados da atividade enzimática e a depleção de azoto orgânico nos sedimentos como limitação de N subjacente apoiaram esta utilização de proteínas em vez de hidratos de carbono (Tuncer & Bizsel, 2017a). Esses resultados também reflectiram os efeitos geoquímicos nas caraterísticas bacterianas, para além da separação geográfica. Outro indicador dos efeitos ambientais nas caraterísticas bacterianas também foi demonstrado como a variação na resistência aos antibióticos (Tuncer & Bizsel, 2016b). Num estudo anterior sobre o Mar Mediterrâneo Oriental, a relação entre a resistência aos antibióticos e as diferenças geográficas foi dada como uma resistência mais elevada nas zonas costeiras da Síria do que na Turquia e no Líbano (48%, 38% e 31% do total de isolados, respetivamente) (Altug et al., 2010). Além disso, um número limitado de estudos no ambiente costeiro turco registou bactérias resistentes nas costas do mar de Mármara (Kimiran-Erdem et al., 2007; Sivri et al., 2010; Cardak et al., 2016), no mar Egeu e no mar do Levante do Norte (Altug et al., 2010), com um índice MAR elevado para águas marinhas e sedimentos costeiros (Altug et al., 2010; Sivri et al., 2010; Akkan et al., 2013). Da mesma forma, no presente estudo, a maior resistência e índice MAR foram obtidos para isolados de sedimentos costeiros das estações A na Baía de Izmir influenciados por descargas de rios e esgotos, atividades antropogénicas como atividades derivadas do turismo, industriais, agrícolas e náuticas (Tuncer & Bizsel, 2017b) em comparação com as estações B (Tuncer & Bizsel, 2017d) no Mar Egeu e as estações C profundas no Mar Mediterrâneo Oriental com diferentes níveis de diversidade bacteriana (Tuncer & Bizsel, 2016b).

Foi previamente indicado que os parâmetros ambientais, juntamente com as diferenças geográficas, influenciaram a composição da comunidade bacteriana nos sedimentos do Mar Mediterrâneo Oriental (Danovoro et al., 1999; Polymenakou et al., 2005, 2009; Kouridaki et al., 2010). Por exemplo, num estudo anterior, a análise de agrupamentos de composições bacterianas apoiou as diferenças ambientais e geográficas e, em especial, deu a separação latitudinal norte-sul para a diversidade bacteriana em sedimentos do Mar Mediterrâneo Oriental (Polymenakou et al., 2005). Além disso, noutro estudo, quando as composições de clones de 16S rRNA para sedimentos do Nordeste do Pacífico e do Mediterrâneo Oriental foram comparadas, a análise hierárquica de clusters forneceu novamente a separação geográfica (Kouridaki et al., 2010). Do mesmo modo, no presente estudo, as diferenças geoquímicas, para além das variações dos estados geomorfológico, hidrográfico e trófico, reflectiram-se na diversidade filogenética, tal como apoiado na análise hierárquica de clusters dos isolados (Tuncer & Bizsel, 2016a, 2016b) e na análise estatística, incluindo a análise de componentes principais.

Os sedimentos mais superficiais pertencentes às estações A apresentaram a maior diversidade filogenética em taxa superiores (Tuncer & Bizsel, 2016a, 2016b) devido aos factores ambientais dinâmicos como efeitos terrestres e antropogénicos contínuos, ou seja, a entrada de rios e esgotos que aumentam a eutrofização. Além disso, a maior influência dessas entradas na baía interior foi claramente observada como separação biogeoquímica das baías média e exterior, para além de uma diversidade ainda maior nas estações Aj do que Ai (Tuncer & Bizsel, 2016a, 2016b, 2017b). Em contrapartida, as estações profundas e oligotróficas C9, C10 no Mar Egeu do Norte e C6, C7 no Mar Egeu do Sul apresentaram uma diversidade mais elevada nos taxa mais baixos (Tuncer & Bizsel, 2016a, 2016b) devido à elevada pressão hidrostática, à depleção de oxigénio e de nutrientes, pelo que a composição da comunidade bacteriana mudou de acordo com as condições ambientais difíceis. No entanto, em comparação com essas estações, a diversidade aumentou ao nível da família, especialmente na estação C1 no Mar Egeu do Norte (Tuncer & Bizsel, 2016a, 2016b) devido à menor profundidade e à maior entrada de nutrientes do Mar Negro. Por outro lado, as estações B apresentaram a maior diversidade bacteriana, tanto em taxa inferiores como superiores, indicando as condições ambientais óptimas (Tuncer & Bizsel, 2016a, 2016b, 2017c). Para além da localização das estações B como geograficamente entre a zona costeira (estações A) e as bacias profundas (estações C), essas condições óptimas foram também apoiadas pelos resultados físico-químicos obtidos no presente estudo. Além disso, tal como a separação biogeoquímica observada nas estações A como Ai e Aj, as estações Bi e Bj apresentaram diferenças, ou seja, tipo de sedimento, profundidade e composição da comunidade bacteriana, de modo que o isolamento e a diversidade de *Gammaproteobacteria* foram mais elevados em Bi e *Actinobacteria* em Bj (Tuncer & Bizsel, 2017c).

CAPÍTULO CINCO
CONCLUSÕES

Em primeiro lugar, este estudo forneceu a filogenia e a fisiologia bacterianas, juntamente com parâmetros físico-químicos da área de isolamento. Esta combinação foi muito útil para compreender a estrutura biogeoquímica da área e também os efeitos geográficos e ambientais na diversidade e caraterísticas bacterianas. Foram isoladas bactérias muito diversas quando se considerou a escassez de estudos filogenéticos no ambiente marinho turco. Entre 185 estirpes, foram também obtidos possíveis novos taxa, como 9% de todos os isolados, para estudos posteriores, como a identificação, a produção de metabolitos secundários, etc.

O presente estudo também permitiu efetuar comparações da comunidade bacteriana, uma vez que as estirpes foram isoladas de estações com diferenças geográficas. Enquanto as estações B no Mar Egeu foram consideradas óptimas para uma elevada diversidade bacteriana, tanto nos taxa inferiores como superiores, em comparação com os sedimentos costeiros da Baía de Esmirna (estações A), que apresentam uma maior diversidade nos taxa superiores, e as bacias profundas (estações C) no Mar Mediterrâneo Oriental, que apresentam uma maior diversidade nos taxa inferiores.

A limitação de N na área de estudo e a utilização de proteínas em vez de hidratos de carbono foram obtidas a partir dos dados físico-químicos e dos resultados da atividade enzimática dos actinomicetos. A resistência mais elevada aos antibióticos também foi encontrada nos sedimentos costeiros, tal como apoiado pela correlação positiva entre o tamanho do sedimento e a resistência. Para além dos dados físico-químicos, os resultados da atividade enzimática e da resistência aos antibióticos dos isolados foram também muito importantes para verificar as diferenças de diversidade bacteriana entre estações.

Finalmente, quando os efeitos geográficos e ambientais foram considerados, concluiu-se que todos esses dados evidenciaram os padrões biogeoquímicos no Mar Mediterrâneo Oriental e explicaram as razões das variações entre todas as estações.

REFERÊNCIAS

Abd El-Nasser, N. H. (1995). Actividades proteolíticas de algumas espécies mesófilas *de Streptomyces*. *Jornal de Ciências Agrícolas, 20,* 2913-2923.

Adzitey, F. (2015). Classes de antibióticos e suscetibilidade a antibióticos de isolados bacterianos de aves de capoeira selecionadas; uma mini revisão. *Revista Veterinária Mundial, 5* (3), 36-41.

Akkan, T., Kaya, A., & Dincer, S. (2013). Níveis de antibióticos e resistência a metais pesados em bactérias Gram-negativas isoladas da água do mar, Zona Industrial Organizada de Iskenderun. *Journal ofApplied Biological Sciences, 7* (1), 10-14.

Aksu, A., Yasar, D., & Uslu, O. (1998). Avaliação da poluição marinha na Baía de Izmir: Concentrações de metais pesados e compostos orgânicos em sedimentos superficiais. *Jornal Turco de Engenharia e Ciências Ambientais, 22* (5), 387-416.

Aloupi, M., Angelidis, M. O., Gabriel, A., Karantanelli, M., Koulousaris, M., Nikolaou, A., et al. (2007). Monitorização marinha ao longo da zona costeira oriental da ilha de Lesbos, Grécia, durante 2004. In: The Framework of Medpol III, *Global NEST Journal, 9* (2), 83-97.

Altug, G., Cardak, M., Ciftci, P. S., Gurun, S., Saad, A. A., Ibrahim, A., & Fakhri, M.. (2010). Distribuição e resistência aos antibióticos de bactérias heterotróficas e indicadoras nas zonas costeiras da Turquia, Síria e Líbano. *Relatório da Comissão Internacional do Mar Mediterrâneo, 39,* 333.

Arhonditsis, G., Tsirtsis, G., Angelidis, M., & Karydis, M. (2000). Quantificação dos efeitos de fontes de nutrientes não pontuais na eutrofização marinha costeira: aplicações a um golfo semi-fechado no Mar Mediterrâneo. *Ecological Modelling, 129,* 209-227.

Arnosti, C., Jorgensen, B. B., Sagemann, J., & Thamdrup, B. (1998). Dependência da temperatura da degradação microbiana da matéria orgânica em sedimentos marinhos: hidrólise de polissacáridos, consumo de oxigénio e redução de sulfato. *Marine Ecology Progress Series, 165,* 59-70.

Arnosti, C. (2003). Enzimas extracelulares microbianas e o seu papel no ciclo da matéria orgânica dissolvida. Em R. L. Sinsabaugh (Ed.) *Aquatic ecosystems:*

interactivity of dissolved organic matter, (315-342). San Diego: Academic Press.

Norma ASTM D422-63 (2007). *Método de ensaio normalizado para a análise granulométrica de solos*. ASTM International, West Conshohocken, PA.

Atılgan, I., & Egemen, O. (2001). Uma investigação comparativa sobre os níveis de carbono, substâncias inflamáveis e alguns metais pesados (Cu, Zn) acumulados nos sedimentos das lagoas Gulluk e Homa. *Ege Journal of Fisheries and Aquatic Sciences, 18* (1-2), 225-232.

Aydın, A., & Sunlu, U. (2004). A investigação dos níveis de carbono e substâncias queimáveis que se encontram nos sedimentos do sul do Mar Egeu. *Ege Journal of Fisheries and Aquatic Sciences*, 229-234.

Aydin-Onen, S., Kocak, F., & Kucuksezgin, F. (2012). Avaliação das variações espaciais e temporais das espécies de nutrientes inorgânicos nas águas do Mar Egeu oriental. *Marine Pollution Bulletin, 64*, 2849-2856.

Baltar, F., Aristegui, J., Gasol, J., Sintes, E., Van Aken, H., & Herndl, G. (2010). Alta atividade enzimática extracelular dissolvida nas profundezas do Oceano Atlântico central. *Aquatic Microbial Ecology, 58, 287-302.*

Barman, T. E. (1969). *Enzyme handbook.* New York: Springer-Verlag.

Bethoux, J. P., Morin, P. & Ruiz-Pino, P., (2002). Temporal trends in nutrient ratios: chemical evidence of Mediterranean ecosystem changes driven by human activity. *Deep-Sea Research II, 49, 2007-2016.*

Bethoux, J. P., Morin, P., Chaumery, C., Connan, O., Gentili, B., & Ruiz-Pino, D., (1998). Nutrientes no Mar Mediterrâneo, balanço de massa e análise estatística das concentrações em relação às alterações ambientais. *Marine Chemistry, 63*, 155-169.

Bizsel, N., & O. Uslu. (2000). Enriquecimento em fosfato, azoto e ferro na Baía de Esmirna poluída, Mar Egeu. *Marine Environmental Research, 49*, 101-122.

Bockle, B., Galunsky, B., & Muller, R. (1995). Caracterização de uma serina proteinase queratinolítica de *Streptomyces pactum* DSM 40530. *Applied Environmental Microbiology, 61*, 3705-3710.

Bozdogan, B. & Appelbaum, P. C. (2004). Oxazolidinones: atividade, modo de ação e mecanismo de resistência. *International Journal of Antimicrobial Agents, 23* (2), 113-

119.

Buchanan, R.E. & Gibbons, N.E. (1974). *Bergey's manual of determinative bacteriology.* (8ª ed.). Baltimore: The Williams and Wilkins Co.

Cagri-Tas, E., Sunlu, U., & Ozkan, O. (2007). Estudo sobre a quantidade de carbono e materiais inflamáveis e vários níveis de metais pesados (Cu, Pb, Zn, Fe) em sedimentos da Baía de Candarli (Mar Egeu). *Ege Journal of Fisheries Aquatic Sciences, 24* (3-4), 273-277.

Calderon, C. B. & Sabundayo, B. P. (2007). Classificações antimicrobianas: Drogas para insectos. Em R. Schwalbe, L. Steele-Moore e A. C. Goodwin (Eds.) *Antimicrobial susceptibility testing protocols.* CRC Press: Taylor and Frances group.

Cardak, M., Altuğ, G., Ay, M., Erol, O. (2016). Distribuição da resistência a antibióticos e presença de genes de resistência à vancomicina (vanA e vanB) em Enterobacteriaceae isoladas do Mar de Mármara, do Estreito de Canakkale e do Estreito de Istambul, Turquia. *Oceanological and Hydrobiological Studies, 45* (2), 182190.

Charyulu, E. M., Sekaran, G., Rajakumar, G. S., & Gnanamani, A. (2009). Atividade antimicrobiana do metabolito secundário de um isolado marinho, *Pseudomonas* sp. contra bactérias Gram positivas e negativas, incluindo MRSA. *Indian Journal OfExperimental Biology, 47* (12), 964-968.

Chopra, I. & Roberts, M. (2001). Antibióticos de tetraciclina: Modo de ação, aplicações, biologia molecular e epidemiologia da resistência bacteriana. *Microbiology and Molecular Biology Reviews, 65* (2), 232-260.

Chrost, R. J. (1991). Environmental control of the synthesis and activity of aquatic microbial ectoenzymes In R. J. Chrost (Ed.) *Microbial enzymes in aquatic environments.* New York: Springer-Verlag.

Chrost, R. J. (1992). Significância das ectoenzimas bacterianas em ambientes aquáticos. *Hydrobiologia, 244,* 61-70.

Chrost, R. J. & Siuda, W. (2002). Ecologia de Enzimas Microbianas em Ecossistemas de Lago. Em R. C. Burns e R. P. Dick (Eds.) *Microbial enzymes in the environment activity, ecology, and applications,* (35-72). Nova Iorque: Marcel Dekker Inc.

Civitarese, G., Gacic, M., Lipizer, M., & Eusebi Borzelli, G. L. (2010). On the impact of the Bimodal Oscillating System (BiOS) on the biogeochemistry and biology of the Adriatic and Ionian Seas (Eastern Mediterranean). *Biogeosciences, 7*, 39873997.

Cunha, M. A., Almeida, M. A. & Alcantara, F. (2000). Padrões de atividade bacteriana ectoenzimática e heterotrófica ao longo de um gradiente de salinidade num estuário de maré pouco profundo. *Marine Ecology Progress Series, 204*, 1-12.

Cunha, A. & Almeida, A. (2009). Regulação da atividade heterotrófica do bacterioplâncton por nutrientes inorgânicos num sistema estuarino (Ria de Aveiro, Portugal). *Hydrobiologia, 628*, 81-93.

Cunha, A., Almedia, A., Coelho, F. J. R. C., Gomes, N. C. M., Oliveira, V., & Santos, A. L. (2010). Atividade extracelular bacteriana em ecossistemas aquáticos em mudança global. In A. Mendez-Vilas (Ed.) *Current research, technology and educaion topics in applied microbiology and microbial biotechnology*, (124-135). Formatex.

Danovaro, R., Marrale, D., Della-Croce, N., Parodi, P, & Fabiano, M. (1999). Composição bioquímica da matéria orgânica sedimentar e distribuição bacteriana no Mar Egeu: estado trófico e acoplamento pelágico-bentónico. *Journal of Sea Research, 42*, 117-129.

Danovaro, R. (2009). Carbono orgânico total, azoto total e fósforo orgânico em sedimentos marinhos. Em R. Danovaro (Ed.) *Methods for the study of deep-sea sediments, their functioning and biodiversity*, (13-22). CRC Press.

Darabpour, E., Ardakani, M. R., Motamedi, H., & Ronagh, M. T. (2012). Isolamento de uma potente bactéria produtora de antibióticos, especialmente contra MRSA, da região norte do Golfo Pérsico. *Bosnian Journal of Basic Medical Sciences 12* (2), 108-121.

Das, S., Lyla, P. S., & Khan, S. A. (2006). Marine microbial diversity and ecology: importance and future perspectives. *Current Science, 90*, 1325-1335.

Dassenakis, M., Kapiris, K. & Pavlidou, A. (2000). The Aegean Sea. Em Ch. Sheppard (Ed.), Seas at the Millenium. *Environmental Evaluation, 1*, 233-252.

Dixit, V.S. & Pant, A. (2000). Caracterização comparativa de duas serina endopeptidases de *Nocardiopsis* sp. NCIM 5124. *Biochimica Biophysica Ata, 1523*,

261-268.

Domagala, J. M. (1994). Relações estrutura-atividade e estrutura-efeito secundário para os antibacterianos de quinolonas. *Journal of Antimicrobial Chemotheraphy, 33*, 685-706.

Douthwaite, S. (1992). Interação dos antibióticos clindamicina e lincomicina com Escherichia coli 23S ribosomal RNA. *Nucleic Acids Research, 20,* 47174720.

Duman, M., Avci, M., Duman, S., Demirkurt, E., & Duzbastilar, M. K. (2004). Distribuição de sedimentos superficiais e padrão de transporte líquido de sedimentos na Baía de Izmir, Turquia ocidental. *Continental Shelf Research, 24*, 965-981.

Epe, B. & Woolley, P. (1984). A ligação da 6-demetilclortetraciclina a partículas ribossómicas 70S, 50S e 30S: Um estudo quantitativo por anisotropia de fluorescência. *EMBO Journal, 3*, 121-126.

Etebu, E. & Arikekpar, I. (2016). Antibióticos: Classificação e mecanismos de ação com ênfase nas perspectivas moleculares. *Revista Internacional de Investigação em Microbiologia Aplicada e Biotecnologia, 4,* 90-101.

Eyssen, H. J., Van den Bosch, J. F., Janssen, G. A. & Vanderhaeghe, H. (1971). Inibição específica da absorção de colesterol pela sulfaguanidina. *Atherosclerosis, 14* (2), 181-192.

Fabiano, M. & Danovaro, R. (1998). Atividade Enzimática, Distribuição Bacteriana e Composição da Matéria Orgânica em Sedimentos do Mar de Ross (Antártica). *Appied and Environmental Microbiology, 64*, 3838-3845.

Feder, J. (1973). As fosfatases. Em E. J. Griffith, A. Benton, J. M. Spencer e D. T. Mitchell (Eds.) *Environmental phosphorus handbook,* (475-508). Nova Iorque: J. Wiley & Sons.

Friligos, N., & Krasakopoulou, E. (2001). Observações químicas na água do mar e nos sedimentos superficiais do Mar Egeu. In: *Actas do CEST,* 228-234.

Fuoco, D. (2012). Quadro de classificação e biologia química de medicamentos baseados na estrutura da tetraciclina. *Antibióticos, 1*, 1-13.

Gacic, M., Schroeder, K., Civitarese, G., Cosoli, S., Vetrano, A., & Eusebi Borzelli, G. L. (2013). A salinidade no Canal da Sicília corrobora o papel do Sistema Oscilante

Bimodal Adriático-Jónico (BiOS) na formação da variabilidade decadal da circulação de reviravolta do Mediterrâneo. *Ocean Science, 9*, 83-90.

Galatenko, O. A., & Terekhova, L. P. (1990). Isolamento de actinomicetos produtores de antibióticos de amostras de solo expostas à luz UV. *Antibiotic I Khimioter, 11*, 6-8.

Gartner, A., Blümel, M., Wiese, J., & Imhoff, J.F. (2011). Isolamento e caraterização de bactérias do mar profundo do Mediterrâneo Oriental. *Antonie Leeuwenhoek*, 100, 421-435.

Gascard, J. C. (1978). Formação de águas profundas no Mediterrâneo, instabilidade baroclínica e vórtices oceânicos. *Oceanology Ata, 1*, 315-330.

Giovannoni, S., & Rappe, M. (2000). Evolution, diversity and molecular ecology of marine prokaryotes. Em D. L. Kirchman, (Ed). *Microbial ecology of the oceans.* (47 - 84). Nova Iorque: Wiley-Liss Inc.

Gontag, E. A., Fenical, W., & Jensen, P. R. (2007). Phylogenetic diversity of Grampositive bacteria cultured from marine sediments (Diversidade filogenética de bactérias Grampositivas cultivadas em sedimentos marinhos). *Applied Environmental Microbiology, 73* (10), 3272-3282.

Gotsis-Skretas, O., Pagou, K., Moraitou-Apostolopoulou, M., & Ignatiades, L. (1999). Variabilidade sazonal da produção primária e das reservas permanentes de fitoplâncton e zooplâncton no Mediterrâneo Oriental: Mar Egeu S. e Estreito do Arco de Creta. *Oceanografia, 44*, 625-649.

Hagström, A., Pommier, T., Rowher, F., Simu, K., Stolte, W., Svensonn, D., et al. (2002). Utilização do ADN ribossómico 16S para a identificação de espécies de bacterioplâncton marinho. *Applied Environmental Microbiology, 68*, 3628-3633.

Hames-Kocabas, E. E. & Uzel, A. (2007). Produção de protease alcalina por um actinomiceto MA1-1 isolado de sedimentos marinhos. *Anais de Microbiologia, 51* (1), 71-75.

Hamilton-Miller, J. M. (1973). Química e biologia dos antibióticos macrólidos de polieno. *American Soceity for Microbiology, 37* (2), 166-196.

Hapwood, D. A., Bill, M. J., Charter, K. F., Kieser, T., Bruton, C. J., Kieser, H. M., Lydiate, D. J., Smith, C. P., Ward, J. M., & Schrempf, H. (1985). Genetic manipulation of Streptomycetes: A laboratory manual. Reino Unido: John Innes Foundation.

Hatosy, S. M., & Martiny, A. C. (2015). O oceano como um reservatório global de genes de resistência a antibióticos. *Applied and Environmental Microbiology, 81,* 7593-7599. doi:10.1128/AEM.00736-15.

Hatzianestis, J., Sklivagou, E., & Friligos, N. (1998). Hydrocarbons in surface sediments from the Northern Aegean sea. *Relatório da Comissão Internacional Mer Mediterranee, 35*, 264-265.

Hayakawa, M., Sadaka, T., Kayiura, T., & Nonomura, H. (1991). Novos métodos para o isolamento altamente seletivo de Micromonospora e Microbispora. *Journal of Fermentation and Bioengineering, 72*, 320-326.

Heijs, S.K., Laverman, A.M., Forney, L.J., Hardoim, P.R., & van Elsas, J.D. (2008). Comparação das comunidades microbianas de sedimentos de profundidade no Mediterrâneo Oriental. *FEMS Microbiology Ecology*, *64*, 362-377.

Holmström, C., & Kjelleberg, S. (1999). As espécies marinhas *de Pseudoalteromonas* estão associadas a organismos superiores e produzem agentes extracelulares biologicamente activos. *FEMS Microbiology Ecology, 30* (4), 285-293.

Hong, W., Zeng, J. & Xie, J. (2014). Medicamentos antibióticos direcionados a RNAs bacterianos. *Ata Pharmaceutica Sinica B, 4* (4), 258-265.

Hoppe, H. (1993). Utilização de substratos modelo fluorogénicos para a medição da atividade enzimática extracelular (EEA) de bactérias. *Handbook of Methods in Aquatic Microbial Ecology,* 423-431.

Hoppe, H. & Ullrich, S. (1999). Perfis de ectoenzimas no Oceano Índico: fenómenos de atividade da fosfatase na zona mesopelágica. *Aquatic Microbial Ecolog, 19*, 139-148.

Hoppe, H., Arnosti, C. & Herndl, G. (2002). Importância ecológica das enzimas bacterianas no ambiente marinho. *Enzimas no Ambiente: Activity, Ecology, and Applications*, 73-107.

Hoppe, H. (2003). A atividade da fosfatase no mar. *Hydrobiologia, 493*, 187-200.

Huertas, I. E., Rios, A. F., Garcia-Lafuente, J., Navarro, G., Makaoui, A., Sanchez-Roman, A., et al. (2012). Atlantic forcing of the Mediterranean oligotrophy, *Global*

Biogeochemical Cycles, 26, 2022.

Ibello, V., Cantoni, C., Cozzi, S., & Civitarese, G. (2010). Primeiro estudo de bacia

resultados experimentais sobre a fixação de N-2 no mar Mediterrâneo aberto. *Geophysical Research Letters, 37*, L03608.

Ignatiades, L. (1998). O estado produtivo e ótico das águas oligotróficas do Mar Egeu do Sul (Mar de Creta), Mediterrâneo Oriental. *Journal of Planktonic Research, 20*, 985-995.

Ignatiades, L., Psarra, S., Zervakis, V., Pagou, K., Souvermezoglou, E., Assimakopoulou, G., Gotsis-Skretas, O. (2002). Phytoplankton size-based dynamics in the Aegean Sea (Eastern Mediterranean). *Journal of Marine Systematics, 36*, 11-28.

Insam, H. (1990). A biomassa microbiana do solo e a respiração basal são regidas pelo regime climático? *Soil Biology and Biochemistry, 22*, 525-532.

Jensen, P. R., Gontang, E., Mafnas, C., Mincer, T. J., & Fenical, W. (2005). Culturable marine actinomycete diversity from tropical Pacific Ocean sediments. *Environmental Microbiology, 7,* 1039-1048.

Jensen, P. R., Mincer, T. J., Williams, P. G., & Fenical, W. (2005). Diversidade de actinomicetos marinhos e descoberta de produtos naturais. *Antonie Van Leeuwenhoek, 87*, 43-48.

Josephine, H. R., Kumar, I. & Pratt, R. F. (2004). A Pencilina Perfeita? Inibição de uma DD-peptidase bacteriana por betalactamas miméticas de peptidoglicano. *Journal of American Chemical Soceity, 126,* 81222-81223.

Josey, S. A. (2003). Alterações no forçamento de calor e água doce do Mediterrâneo oriental e sua influência na formação de águas profundas. *Journal of Geophysical Research, 108*, 32-37.

Kahne, D., Leimkuhler, C., Lu, W. & Walsh, C. (2005). Glycopeptide and lipoglycopeptide antibiotics. *Chemical Reviews, 105* (2), 425-448.

Karner, M. B., DeLong E. F., & Karl D. M . (2001) Archeal dominance in the mesopelagic zone of the Pasific Ocean. *Nature, 409*, 507-510.

Katz, L. & Ashley, G. W. (2005). Tradução e síntese de proteínas: macrolídeos.

Chemical Reviews, 105, 499-528.

Kaymakci-Basaran, A. (2004). *Parâmetros de poluição da Bacia de Bakırcay e a sua interação com a Baía de Candarlı* (em turco). Tese de doutoramento, Universidade de Ege, Izmir, Turquia.

Killworth, P. D. (1983). Convecção profunda no oceano profundo. *Revised Geophysics, 21*, 1-26.

Kim, T. K., Hawavitharana, A. K., Shaw, P. N., & Fuerst, J. A. (2006). Descoberta de uma nova fonte de antibióticos de rifamicina em Actinobactérias de esponjas marinhas através da previsão filogenética . *Applied Environmental Microbiology, 72,* 2118-2125.

Kimiran-Erdem, A., Arslan, E. O., Yurudu, N. O. S., Zeybek, Z., Dogruoz, N., Cotuk, A. (2007). Isolamento e identificação de Enterococci a partir de amostras de água do mar: Avaliação da sua resistência a antibióticos e metais pesados. *Monitorização e Avaliação Ambiental, 125*, 219-228.

King, G. M. (1986). Caracterização da atividade da β-Glucosidase em sedimentos marinhos intertidais. *Applied and Enviromental Microbiology, 51*, 373-380.

Klein, B., Roether, W., Kress, N., Manca, B. B., d'Alcala, M. R., Souvermezoglou, E., et al. (2003). Accelerated oxygen consumption in eastern Mediterranean deep waters following the recent changes in thermohaline circulation. *Journal of Geophysical Research, 108*, 8107.

Kostopoulou, M., Guida, M., Nikolaou, A., Oral, R., Trifuoggi, M., Borrielle, I., et al. (2013). Contaminação inorgânica e orgânica em sedimentos da Baía de Izmir (Turquia) e do Porto de Mytilene (Grécia). *Global NEST Journal, 15* (1), 57-68.

Krom, M. D., Brenner, S., Kress, N., & Gordon, L. I. (1991). Phosphorous limitation of primary prodauction in the Eastern Mediterranean Sea. *Limnology and Oceanography, 36,* 424-443.

Krom, M. D., Herut, B. & Mantoura, R. F. C. (2004). Orçamento de nutrientes para o Mediterrâneo Oriental: implicações para a limitação de fósforo. *Limnology and Oceanografia, 49*, 1582-1592.

Krom, M. D.,Woodward, E. M. S., Herut, B., Kress, N., Carbo, P., Mantoura,R. F. C., et al. (2005). Ciclo de nutrientes na bacia Levantina do sudeste do Mediterrâneo oriental: resultados de um sistema carente de fósforo. *Deep-Sea Research II, 52*, 2879-2896.

Kouridaki, I., Polymenakou, P.N., Tselepides, A., Mandalakis, M., & Smith, K.L. (2010). Phylogenetic diversity of sediment bacteria from deep Norteastern Pacific Ocean: a comparison with the deep Eastern Mediterranean Sea. *International Microbiology, 13,* 143-150.

Krom, M. D., Kress, N., & Brenner, S. (1991). Limitação de fósforo da produtividade primária no Mediterrâneo Oriental. *Limnology and Oceanography, 36*, 424- 432.

Kucuksezgin, F., Balci, A., Kontas A., & Altay, O. (1995). Distribuição de nutrientes e clorofilas no Mar Egeu. *Oceanologica Ata, 18*, 343-352.

Kucuksezgin, F. (2011). A qualidade da água da baía de Izmir: um estudo de caso. *Revisão de Contaminação Ambiental e Toxicologia, 211*, 1-24.

Kummerer, K. (2009a). Antibiotics in the aquatic environment - A review - Part I. *Chemosphere , 75*, 417-434.

Kummerer, K. (2009b). Antibióticos no ambiente aquático - Uma revisão - Parte II. *Chemosphere, 75*, 435-441.

Kummerer, K. (2003). Significance of antibiotics in the environment (Significado dos antibióticos no ambiente). *Journal of Antimicrobial Chemotherapy, 52*, 5-7.

Lam, S. K. (2006). Descoberta de novos metabólitos de actinomicetos marinhos. *Opiniões actuais em microbiologia, 9*, 245-251.

Li, Z. Y. & Liu, Y. (2006). Revelação da diversidade bacteriana associada à esponja marinha *Craniella australiensis* com base na biblioteca de rDNA 16S e no rastreio de actinomicetos biologicamente activos, análise filogenética. *Cartas em Microbiologia Aplicada, 43*, 410-416.

Lucas-Elio, P., Hernandez, P., Sanchez-Amat, A., & Solano, F. (2005). Purificação e caraterização parcial da marinocina, uma nova proteína antibacteriana de largo espetro produzida por *Marinomonas mediterranea. Biochimica et Biophysica Ata (BBA)-Sujeitos Gerais, 1721* (1), 193-203.

Madigan, M. T. & Martinko, J. M. (2006). Biologia de microorganismos. 11ª edição.

Pearson Prentice Hall Inc.

Magarvey, N. A., Keller, J. M., Bernan, V., Dworkin, M., & Sherman, D.H. (2004). Isolamento e caraterização de novos taxa de actinomicetos de origem marinha ricos em metabolitos bioactivos. *Applied Environmental Microbiology, 70*, 7520-7529.

Manivasagan, P., Venkatesan, J., & Kim, S. (2013). Introdução marinha actinobactérias. Em S. Kim, (Ed). *Marine microbiology: bioactive compounds and biotechnological applications* (1ª ed.). Wiley-VCH Verlag GmbH & Co-KGaA.

Mclntyre, A. (Ed) (2010). A global census of marine microbes. In *Life in the world's oceans: diversity, distribution and abundance [A vida nos oceanos do mundo: diversidade, distribuição e abundância*]. NewYork: Wiley-Blackwell.

Meador, T. B., Gogou, A., Spyres, G., Herndl, G. J., Krasakopoulou, E., Psarra, S., et al. (2010). Relações biogeoquímicas entre a matéria orgânica dissolvida ultrafiltrada e a atividade do picoplâncton no Mar Mediterrâneo Oriental. *Deep-Sea Research II, 57* (16),1460-1477.

Meyer-Reil, L. A. (1987). Distribuição sazonal e espacial de actividades enzimáticas extracelulares e incorporação microbiana de substratos orgânicos dissolvidos em sedimentos marinhos. *Applied and Environmental Microbiology, 53*, 1748-1755.

Mincer, T. J., Jensen, P. R., Kauffman, C. A., & Fenical, W. (2002). Populações generalizadas e persistentes de um novo e importante taxon de actinomicetos marinhos em sedimentos oceânicos. *Applied Environmental Microbiology, 68*, 5005-5011.

Migon, C., Sandroni, V. & Bethoux, J. P. (2001). Atmospheric input of anthropogenic phosphorus to the northwest Mediterranean under oligotrophic conditions. *Marine Environmental Research, 52*, 413-426.

Miiller-Niklas, G., Heissenberger, A., Puskaric, S., & Herndl, G. (1995). Radiação ultravioleta B e metabolismo bacteriano em águas costeiras. *Aquatic Microbial Ecology, 9,* 111-116.

Mincer, T. J., Fenical, W., & Jensen, P. R. (2005) Diversidade dependente e independente da cultura no género actinomiceto marinho obrigatório *Salinispora*. *Applied Environmental Microbiology, 71*, 7019-7028.

Miyashita, K., Fujii, T., & Sawada, Y. (1991). Clonagem molecular e caraterização de genes de quitinase de *Streptomyces lividans* 66. *Jornal de Microbiologia Geral, 137*, 2065-2072.

Moormann, M., Schlochtermeier, A., & Schrempf, H. (1993). Bioquímica caraterização de uma protease envolvida no processamento de uma celulase *de Streptomyces reticuli* (Avicellase). *Microbiologia Ambiental Aplicada, 59*, 1573-1578.

Moutin, T., Raimboult, P., Golterman, H. L., & Coste, B. (1998). The input of nutrients by the Rhone river into the Mediterranean Sea: recent observations and comparison with earlier data. *Hydrobiologia, 373/374*, 237-246.

Mukherjee, G. & Sen, S.K. (2006) Caracterização e identificação de *Streptomyces venezuelae* P10 produtora de quitinase. *Indian Journal of Experimental Biology, 42*, 541-544.

Munn, C. B. (2004). *Marine microbiology: ecology and applications* (Texto avançado). Reino Unido: Garland Science/BIOS Scientific Publishers.

Murrell, M. C., Hollibaugh, J. T., Silver, M. W., & Wong, P. S. (1994). Dinâmica do bacterioplâncton no norte da Baía de São Francisco: papel da associação de partículas e do fluxo sazonal de água doce. *Limnology and Oceanography, 44*, 295308.

Münster, U. (1991). Extracellular enzyme activity in eutrophic and polyhumic lakes. Em R. J. Chrost (Ed.) *Microbial Enzymes in Aquatic Environments* (96-122). New York: Springer.

Nonomura, H. (1974). Chave para a classificação e identificação de 458 espécies de *Streptomycetes* incluídas no ISP. *Jornal de Tecnologia de Fermentação, 52* (2), 7892.

O'Donnell, A. G., Embley, T. M. & Goodfellow, M. (1993). Future of Bacterial Systematics. Em *Handbook of New Bacterial Systematics* (513-524), Londres: Academic Press.

Oguz, T. & Su, J. (2004). Mares semi-fechados, ilhas e Austrália visão pan-regional. Em A. R. Robinson & K. H. Brink, (Eds.). *The sea* (vol. 14) (83-116). EUA: Presidente e membros do Harvard College.

Ozcan, K., Aksoy, S. C., Kalkan, O., Uzel, A., Hames-Kocabas, E. E., & Bedir, E. (2013). Diversidade e potencial de produção de antibióticos de actinomicetos cultiváveis derivados do mar de sedimentos costeiros da Turquia. *Journal of Soils and*

Sediments,13(8), 1493-1501.

Pandey, A., Shukla, A., & Majumdar, S. K. (2005). Utilização de fontes de carbono e azoto por *Streptomyces kanamyceticus* M 27 para a produção de um antibiótico antibacteriano. *Jornal Africano de Biotecnologia, 4* (9), 909-910.

Pavlidou, A., Krassakopolou, E., & Souvermezoglou, E. (2010). Oxigénio dissolvido e distribuição de nutrientes no Mar Egeu do Norte. *Relatório da Comissão Internacional do Mar Mediterrâneo, 39*, 294.

Peterson, L. R. (2008). Agentes antimicrobianos atualmente disponíveis e seu potencial para utilização como monoterapia. *Microbiologia Clínica e Infeção, 14* (6), 30-45.

Polymenakou, P. N., Bertilsson, S., Tselepides, A., & Stephanou, E. G. (2005). Links entre localização geográfica, factores ambientais e composição da comunidade microbiana em sedimentos do Mar Mediterrâneo Oriental, *Microbial Ecology, 49,* 367-378.

Polymenakou, P. N., Lampadariou, N., Mandalakis, M., & Tselepides, A. (2009). Phylogenetic diversity of sediment bacteria from the southern Cretan margin, Eastern Mediterranean Sea. *Systematic and Applied Microbiology, 32*, 17-26.

Pomeroy, L. R. & Wiebe, W. J. (2001). Temperatura e substratos como factores limitantes interactivos para as bactérias heterotróficas marinhas. *Aquatic Microbial Ecology, 23*, 187-204.

Radjasa, O. K., Martens, T., Grossart, H. P., Brinkhoff, T., Sabdono, A., & Simon, M. (2007). Atividade antagonista de uma bactéria marinha *Pseudoalteromonas luteoviolacea* TAB4.2 associada ao coral *Acropora* sp. Journal of Biological Sciences, 7 (2), 239-246.

Rahav, E., Herut, B., Levi, A., Mulholland, M. R., & Berman-Frank, I. (2013). Contribuição primaveril da fixação de dinitrogénio para a produção primária em todo o Mar Mediterrâneo, *Ocean Science Discussions, 10*, 1-26.

Redfield, A. C., Ketchum, B. H., & Richards, F. A. (1963). The influence of organisms on the composition of seawater (A influência dos organismos na composição da água do mar). Em M. N. Hill (Ed.), *The sea*. New York: Wiley Interscience.

Rhein, M. (1995). Formação de águas profundas no Mediterrâneo Ocidental. *Journal of Geophysical Research, 100*, 6943-6959.

Reuter, J. G. (1983). Inibição da fosfatase alcalina pelo cobre: Implicações para a nutrição de fósforo e utilização como marcador bioquímico de toxicidade. *Limnology and Oceanography, 28*, 743-748.

Roether, W. & Well, R. (2001). Oxygen consumption in the Eastern Mediterranean *Deep-Sea Research, 48,* 1535-1551,

Sanz, M. J., Carratala, A., Gimeno, C., & Millan, M. M. (2002). Deposição atmosférica na costa leste de Espanha: relevância da deposição seca nas regiões semi-áridas do Mediterrâneo. *Environmental Pollution, 118*, 259-272.

Schmieder, R., & Edwards, R. (2012). Insights sobre a resistência aos antibióticos através de abordagens metagenómicas. *Future Microbiology, 7* (1), 73-89.

Schott, F., Visbeck, M., & Send, U. (1993). Convecção profunda em oceano aberto,

Mares Mediterrâneo e da Gronelândia. Em P.Malanotte-Rizzoli e A. R Robinson (Eds.). *Ocean Processes on Climate Dynamics: Global and Mediterranean Examples*, (203-225). EUA: Kluwer Academic.

Schroeder, K., Gasparini, G. P., Borghini, M., & Delfanti, R. (2010). Traçadores e fluxos biogeoquímicos no Mar Mediterrâneo Ocidental, primavera de 2005. *Journal of Marine Systematics, 80*, 8-24.

Shirling, E. B. & Gottlieb, D. (1966). Methods for characterization of *Streptomycetes* species. *International Journal of Systematic Bacteriology, 16*, 313-340.

Sinsabaugh, R. S. (1994). Análise enzimática de padrões e processos microbianos. *Biology and Fertility of Soils, 17*, 69-74.

Sivakumar, K., Sahu, M. K., Thangaradjou, T., & Kannan, L. (2007). Investigação sobre Actinobactérias marinhas na Índia. *Indian Journal of Microbiology, 47*, 186-196.

Sivri, N., Ozbayram, G., & Karatut, Z. (2010). Antibiotic resistance of enteric bacteria isolated from south-western Istanbul coast (Turkey). *Relatório da Comissão Internacional do Mediterrâneo, 39*, 402.

Skliris, N., Sofianos, S. S., Gkanasos, A., Axaopoulos, P., Mantziafou, A., & Vervatis, V. (2011). Variabilidade da temperatura da superfície do mar a longo prazo no Mar

Egeu. *Advance Oceanography and Limnology, 2* (2),125-139.

Skujins, J. (1978). History of abiontic soil enzyme research. Em R. G. Burns (Ed.) *Soil enzymes.* New York: Academic Press.

Soria-Mercado, I. E., Villarreal-Gomez, L. J., Rivas, G. G., & Sanchez, N. E. A. (2012). Compostos bioativos de bactérias associadas a algas marinhas. Em R. Sammour (Ed.). *Biotecnologia: estudos moleculares e novas aplicações para melhorar a qualidade de vida humana,* (25-44). Intech, Croácia.

Stackebrandt, E. & Ebers, J. (2006). Parâmetros taxonómicos revisitados: padrões de ouro manchados. *Microbiology Today, 33*, 152-155.

Stergiou, I. K., Christou, E. D., Georgopoulos, D., Zenetos, A., & Souvermezoglou, C. (1997). The Hellenic Seas: physics, chemistry, biology, and fisheries. *Oceanografia e Biologia Marinha: uma revisão anual, 35*, 415-538.

Sunlu, U., Egemen, O., Kaymakci, A., & Tuzen, A. (1999). Study on the impact of aquaculture by net cages on sediment of Urla Port (em turco). *X. Simpósio Nacional de Pescas*, Adana, Turquia.

Sunlu, U., Aydın, A., & Egrihanci-Ozcetin, N. E. (2005). A investigação dos níveis de carbono e substâncias queimáveis que se encontram nos sedimentos do norte do Mar Egeu (em turco). *E.U. Journal of Fisheries and Aquatic Science*, 263-268.

Sunlu, U., Aksu, M., & Buyukisik, B. (2008). Variações espácio-temporais do carbono orgânico e dos produtos de degradação da clorofila nos sedimentos superficiais da Baía de Esmirna (Mar Egeu/Turquia). *Environmental Monitoring and Assessment, 146*, 423432.

Takaizawa, M., Colwell, W., & Hill, R.T. (1993). Isolamento e diversidade de actinomicetos na Baía de Chesapeake. *Applied Environmental Microbiology, 59*, 997-1002.

Talaro, K. P. & Chess, B. (2008). Fundamentos de microbiologia. 8ª Ed. McGraw Hill, Nova Iorque.

Tamura, K., Peterson, D., Peterson, N., Stecher, G., Nei, M., & Kumar, S. (2011). MEGA5: Análise de genética evolutiva molecular usando métodos de máxima verosimilhança, distância evolutiva e máxima parcimónia. Biologia Molecular da

Evolução, *28*, 2731-2739.

Tanhua, T., Hainbucher, D., Shröder, K., Cardin, V., Alvaez, M., & Civitarese G. (2013). The Mediterranean Sea system: a review and an introduction tot the special issue. *Ocean Science Discussions, 10*, 581-617.

Tawiah, A. A., Gbedema, S. Y., Adu, F., Boamah, V. E., & Annan, K. (2012). Microrganismos produtores de antibióticos do rio Wiwi, do lago Bosomtwe e do Golfo da Guiné em Doakor Sea Beach, Gana. *BMC Microbiology, 12* (1), 234.

Techapun, C., Poosaran, N., Watanabe, M., & Sasaki, K. (2003). Xilanases livres de celulases microbianas termoestáveis e alcalino-tolerantes produzidas a partir de resíduos agrícolas e as propriedades necessárias para utilização no bioprocesso de branqueamento de pasta de papel: uma revisão. *Process Biochemistry, 38,* 1327-1340.

Thingstad, T. F., Krom, M. D., Mantoura, R. F. C., Flaten, G. A., Groom, S., & Herut, B. (2005). Nature of phosphorous limitation in the ultaoligotrophic Eastern Mediterranean. *Science, 309*, 1068-1071.

Tsikliras, A., Sylaios, G., Stamatis, N., & Kallianiotis, A. (2001). Distribuição de nutrientes e clorofila em várias massas de água no norte do Mar Egeu, Grécia. *Actas da 1.ª Conferência Internacional sobre Proteção Ecológica do Planeta Terra, 1*, 297-303.

Tsimplis, M. N., Zervakis, V., Josey, S. A., Peneva, E. L., Struglia, M. V., Stanev, E. V., et al. (2006). Changes in the oceanography of the Mediterranean Sea and their link to climate variability. Em P. Lionello, P. Malanotte-Rizzoli & R. Boscolo (Eds.). *Mediterranean climate variability (227-282).* Edição Elsevier.

Tuncer, I. & Bizsel, N. (2016a). Diversidade bacteriana e análise biogeoquímica de sedimentos no Mar Mediterrâneo Oriental. *Anais Internacionais de Engenharia Química, Biológica e Ambiental, 98* (5), 29-38. DOI:10.7763/IPCBEE.2016.V98.5.

Tuncer, I. & Bizsel, N. (2016b). Resistência a antibióticos e filogenia de isolados bacterianos com análise biogeoquímica de sedimentos do Mar Mediterrâneo Oriental em associação com parâmetros ambientais. *Jornal de Imunologia Clínica e Experimental, 1* (2), 15-20.

Tuncer, I. & Bizsel, N. (2017a). Filogenia e fisiologia de actinomicetos e parâmetros biogeoquímicos de sedimentos no Mar Mediterrâneo Oriental. *Conferência Internacional sobre Engenharia Costeira e Oceânica*, Osaka, Japão.

Tuncer, I. & Bizsel, N. (2017b). Diversidade filogenética e atividades antimicrobianas de bactérias isoladas de sedimentos costeiros da Baía de Izmir, Mar Egeu. *Revista Internacional de Avanços em Ciência Engenharia e Tecnologia, 5* (2): 7-12.

Tuncer, I. & Bizsel, N. (2017c). Filogenia bacteriana em sedimentos e caraterísticas ambientais do Mar Egeu. *Revista Internacional de Avanços em Ciência Engenharia e Tecnologia, 5* (1): 85-90.

Tuncer, I. & Bizsel, N. (2017d). Diversidade bacteriana e resistência a antibióticos de sedimentos do Mar Egeu. *Actas da Conferência Internacional ISERD, Veneza, Itália*, 1-5. ISBN:978-93-86083-34-0.

Verardo, D. J., Froelich, P. N., & Mc Intyre, A. (1990). Determinação do carbono orgânico e do azoto em sedimentos marinhos utilizando o analisador Carlo Erba NA-1500. *Deep Sea Research, 37,* 157-165.

Vidal, M., Duarte, C. M., Agusti, S., & Vaque, D. (2003). As actividades da fosfatase alcalina no Oceano Atlântico central indicam grandes áreas com deficiência de fósforo. *Marine Ecology Progress Series*, *262*, 43-53.

Vounatsou, P., & Karydis, M. (1991). Caratcrísticas ambientais em águas oligotróficas: avaliação de dados e limitações estatísticas em estudos de qualidade da água. *Environmental Monitoring and Assessment, 18,* 211-220.

Whitman, W. B., Coleman, D. C., & Wiebe, W. J. (1998). Prokaryotes: the unseen majority. *Proceedings of the National Academy of Sciences USA, 95*, 6578-6583.

Whitman, W. B., Coleman, D. C., & Wiebe, W. J. (1998). Prokaryotes: the unseen majority. *Proceedings of the National Academy of Sciences USA, 95*, 6578-6583.

Wright, G. D. (2010). P & R: Resistência aos antibióticos: De onde vem e o que podemos fazer? *BMC Biology, 8*, 123. http://doi.org/10.1186/1741-7007- 8-123.

Xu L. H., Jin, X., Mao, P. M., Lu, Z. F., Cui, X. L., & Jiang, C.L. (1999). Três novas espécies do género *Actinobispora* da família *Pseudonocardiaceae, Actinobispora alaniniphila* sp. nov., *Actinobispora aurantiaca* sp. nov. e *Actinobispora xinjiangensis* sp. nov. *International Journal of Systematic Bacteriology, 49*, 881-886.

van Hoek, A. H. A. M., Mevius, D., Guerra, B., Mullany P., Roberts, A. P., & Aarts, H. J. M. (2011). Genes de resistência adquirida a antibióticos: An overview. *Frontier in Microbiology, 2*, 203. doi: 10.3389/fmicb.2011.00203.

Yaramaz, O., Mordoğan, H., Onen, M., Sunlu, U., & Alpbaz, A. (1991). Uma pesquisa de algumas concentrações de metais pesados (Fe, Mn, Ni) e % C em sedimentos da Baía de Izmir. *Simpósio Nacional de Pesca*, Izmir, Turquia.

Yasar, D. (1994). *Late Glacial-Holocen evolution of the Aegean Sea.* Tese de doutoramento, Instituto de Ciências e Tecnologia Marinhas, Izmir, 329.

Yokota, A. (1997). Relação filogenética dos actinomicetos. Em *Atlas of actinomycètes,* (194 - 197). Asakura Publishing Co. Ltd., Japão.

Zhang, H., Lee, Y. K., Zhang, W., & Lee, H. K. (2006). Actinobactérias cultiváveis de a esponja marinha Hymeniacidon perleve: isolamento e diversidade filogenética por análise do gene 16S rRNA-RFLP. *Antonie Van Leeuwenhoek, 90*, 159169.

Zervoudaki, S., Nielsen, T. G., Christou, E. D., & Siokou-Frangou, I. (2006). Distribuição e diversidade do zooplâncton numa zona frontal do Mar Egeu. *Marine Biological Research, 2* (3), 149-168.

Zweifel, U. L. (1999). Factores que controlam a acumulação de carbono orgânico dissolvido lábil no Golfo de Riga. *Estuarine, Coastal and Shelf Science, 48*, 357-370.

MIX
Papier aus verantwortungsvollen Quellen
Paper from responsible sources
FSC® C105338

Printed by Books on Demand GmbH, Norderstedt / Germany